机电技术应用专业教材

电梯结构基础

主　编　袁建锋

副主编　杨国柱　陈路兴

华南理工大学出版社
SOUTH CHINA UNIVERSITY OF TECHNOLOGY PRESS
·广州·

图书在版编目（CIP）数据

电梯结构基础/袁建锋主编. —广州：华南理工大学出版社，2015.5（2024.1重印）
机电技术应用专业教材
ISBN 978-7-5623-4651-7

Ⅰ.①电… Ⅱ.①袁… Ⅲ.①电梯-中等专业学校-教材 Ⅳ.①TU857

中国版本图书馆 CIP 数据核字（2015）第111716号

电梯结构基础
袁建锋 主编

出 版 人：柯 宁
出版发行：华南理工大学出版社
（广州五山华南理工大学17号楼，邮编510640）
http://hg.cb.scut.edu.cn　　E-mail：scutc13@scut.edu.cn
营销部电话：020-87113487　87111048（传真）
项目策划：毛润政
执行策划：冯丽萍
责任编辑：刘 锋 龙 辉
印 刷 者：广州小明数码印刷有限公司
开　本：787mm×1092mm　1/16　印张：15.75　字数：336千
版　次：2015年5月第1版　2024年1月第6次印刷
定　价：38.00元

前言

本书是以《教育部关于“十二五”职业教育教材建设的若干意见》，以及教育部颁发的《中等职业学校机电设备安装与维修专业教学标准》为依据编写而成的。

我国近年产业结构的调整、社会结构的变化与城市化进程的加快，造成电梯维保专业人才的日益紧缺。而职业院校电梯专业人才（特别是中职层次的电梯维修保养人员）的培养，始终跟不上社会的需求。

编者借全国中等职业技术学校改革发展示范校创建的契机，结合多年一线教学经验，成立了教材编写委员会，组织人员深入企业调研，了解电梯前沿知识，并按照“任务准备—任务实施—任务评价—知识技能扩展”进行知识点转换，将传统的电梯结构原理知识转换为可实训的项目，提高了课堂的实效性。

本书的编写抓住培养职业学校学生职业技能的特点，内容突出职业岗位技术应用的基础知识和应用型人才应该具备的电梯的基本技能。全书共分为十个项目：“项目一：电梯基础知识”“项目二：电梯导向系统”“项目三：电梯安全保护系统”“项目四：电梯门系统”“项目五：电梯曳引系统”“项目六：电梯轿厢系统”“项目七：电梯的重量平衡系统”“项目八：电梯电力驱动系统”“项目九：电梯电气控制系统”“项目十：自动扶梯与人行道”。附录1、2、3分别为：电梯安全操作规程、电梯维护保养规程、电梯常见故障处理。

本书可作为中等职业技术学校电梯专业（课程）的一体化教学用书、短期培训班考证教学以及自学用书。

本书主要编写人员由职业学校一线骨干教师和上海三菱电梯有限公司伍广斌工程师、清远市质量监督局杨舒勃科长及他们的团队组成，他们将平时教学、工作中的体会和感悟有机融入到教材编写中，在此，对他们的辛勤劳动深表感谢。具体分工如下：杨国柱、杨舒勃负责项目一、九；苏灿明负责项目二、六；白国宁负责项目三、五；袁建锋负责项目四及附录；邓挺、陈路兴负责项目七、八；伍广斌负责项目十。全书由袁建锋和杨国柱完成审稿。在编写的过程中也得到李高雄、邹军、黄福强、廖东等一批老师和工程技术人员的指导，在此一并表示感谢。

由于编者水平有限，时间仓促，书中难免存在疏漏和错误之处，殷切期望广大师生、读者批评指正！同时希望广大师生、读者对教材提出宝贵的意见和建议。

编者

2015年4月

目　录

目 录

项目一　电梯的基础知识

本项目的主要目的是熟悉电梯的定义与分类，了解电梯的起源、现状及发展，掌握电梯的基本结构、术语及型号。这是完成本项目任务的前提，操作者在实际操作过程中，应始终牢记安全操作规范。

本项目要求操作者在完成对电梯的起源、现状与发展；电梯的定义与分类；电梯的基本结构、术语及型号等 3 个任务的学习的基础上，掌握电梯的基本结构，培养良好的团队合作精神，为今后学习打下良好的基础。

【项目目标】

（1）认识电梯起源、现状及发展；
（2）熟悉电梯定义与分类；
（3）掌握电梯基本结构、术语及型号；
（4）培养作业人员良好的团队合作精神和职业素养。

【项目描述】

电梯是机电一体用于高层建筑的复杂的运输设备，已成为人们现代工作和生活中不可缺少的重要交通工具。目前，电梯的生产情况和使用数量已成为一个国家现代化程度的标志之一。

本项目根据职业学校电梯专业教学的基本要求，设计了 3 个工作任务，通过完成这 3 个工作任务使学习者认识电梯的起源、现状及发展；熟练掌握电梯的基本结构、术语及型号，培养作业人员良好的团队合作精神和职业素养。

任务 1　电梯的起源、现状与发展

【工作任务】

电梯的起源、现状与发展。

【任务目标】

认识电梯的起源、现状与发展。

【任务要求】

通过对任务的学习，各小组能够认识电梯的起源、现状及发展；任务完成后各小组对电梯未来的发展谈谈自己的想法。

【能力目标】

小组发挥团队合作精神搜集电梯起源、现状与发展的相关资料、图片并展示。

【任务准备】

一、电梯的起源

追溯电梯的发展历史，可从人类古代农业、水利和建筑的生产劳动中找到它们的起源。古代中国的桔槔（公元前1700多年前出现，是一种用于汲水的升降机械）、轱辘（公元前1100多年出现，是一种用于提水或升举重物的机械），古代希腊的阿基米德绞车（公元前236年出现，是用于升举重物的机械）等，都是由卷筒、支架、绳索、杠杆、取物装置等组成的最原始形态的升降机械，如图1－1所示。它们的共同点是：木（竹）结构、低速度、人力或畜力驱动。

图1－1　桔槔与轱辘

1765年，瓦特改良了蒸汽机，人类进入了以原动力代替人力进行繁重体力劳动的新时期。1835年，英国最早出现用蒸汽机驱动的升降机。1845年，英国汤姆逊制作成功世界上第一台水压式升降机。但那时各种升降机都很不完善，特别是蒸汽机拖动的升降机，由于不能保证悬挂平台或轿厢的安全，人们一直不敢乘坐。

1852 年，美国人奥的斯发明了世界上第一台以蒸汽机为动力、配有安全装置的载人升降机，这是世界上第一台备有安全装置的客梯，如图 1-2 所示。1889 年，美国奥的斯公司制造的，由直流电动机通过蜗轮蜗杆减速机构带动卷筒卷绕绳索去悬挂和升降轿厢的电动升降机，是世界上第一台真正意义上的电梯，它构成了现代电梯的基本结构形式。这一设计思想为现代化的电梯奠定了基础，至今仍被广泛运用。从那时开始，电梯进入了人们的生活和生产领域，给生产和生活带来了极大的便利。

图 1-2　世界上第一台载人垂直升降机

1889 年，升降机开始采用电力驱动，真正出现了电梯。电梯在驱动控制技术方面的发展经历了直流电机驱动控制，交流单速电机驱动控制，交流双速电机驱动控制，直流有齿轮、无齿轮调速驱动控制，交流调压调速驱动控制，交流变压变频调速驱动控制，交流永磁同步电机变频调速驱动控制等阶段。

19 世纪末，采用沃德-伦纳德系统驱动控制的直流电梯出现，使电梯的运行性能明显改善。20 世纪初，开始出现交流感应电动机驱动的电梯，后来槽轮式（即曳引式）驱动的电梯代替了鼓轮卷筒式驱动的电梯，为长行程和具有高度安全性的现代电梯奠定了基础。20 世纪上半叶，直流调速系统在中、高速电梯中占有较大比例。

1967 年，晶闸管用于电梯驱动，交流调压调速驱动控制的电梯出现。1983

年，变压变频控制的电梯出现，由于其良好的调速性能、舒适感和节能等特点迅速成为电梯的主流产品。

1996年，交流永磁同步无齿轮曳引机驱动的无机房电梯出现，电梯技术又一次革新。由于曳引机和控制柜置于井道中，省去了独立机房，节约了建筑成本，增加了大楼的有效面积，提高了大楼建筑美学的设计自由度。这种电梯还具有节能、无油污染、免维护和安全性高等特点。

二、中国电梯的现状

据统计，我国在用电梯34.6万多台，每年还以5万～6万台的速度增长。电梯服务中国已有100多年历史，而我国在用电梯数量的快速增长却发生在改革开放以后，目前我国电梯技术水平已与世界同步。100多年来，中国电梯行业的发展经历了以下几个阶段：

对进口电梯的销售、安装、维修保养阶段（1900—1949年），这一阶段我国电梯拥有量约为1100多台；

独立自主，艰苦研制、生产阶段（1950—1979年），这一阶段我国共生产、安装电梯约为1万台；

建立三资企业，行业快速发展阶段（自1980年至今），这一阶段我国共生产、安装电梯约40万台。

目前，我国已成为世界最大的新装电梯市场和最大的电梯生产国。2002年，中国电梯行业电梯年产量首次突破6万台，2011年生产了406000台电梯和51000台自动扶梯，分别占世界新梯安装的70%和95%，年增长率为25%。中国电梯行业自改革开放以来的第3次发展浪潮正在掀起。第1次出现在1986—1988年，第2次出现在1995—1997年。

进入21世纪后，我国成为世界电梯制造和需求大国。世界上大多数品牌电梯制造商都在我国建立了独资或合资企业，可喜的是具有我国民族品牌的电梯也占据了一定的市场份额。毫无疑问，伴随着科学发展观和小康社会的建设，我国庞大的电梯市场必将激励电梯质量的进步，必将促进电梯技术的创新。

近年来，我国电梯的出口年均增长率保持在35%以上，电梯行业也逐步成为国内比较重要的行业。中国电梯协会预测，未来五年内我国垂直电梯和扶梯国内市场和出口市场将分别占整个全球市场的1/2和1/3，我国在今后相当长的时间内仍将是全球最大的电梯市场，年产值超千亿元，电梯市场可谓前景广阔。

2008年，我国电梯产量超过21万台，年增幅超过20%，产量超过了全世界电梯年产量的50%。国务院《特种设备安全监察条例》规定，特种设备的强制报废制度也为我国电梯改造市场带来了新的机遇。按国外电梯使用寿命惯例，一般日本系列电梯设计寿命为15年，欧美电梯设计寿命为25年，中国电梯的保有量已经超过100万台，专家预计今后每年大修改造以及已有建筑加装电梯的市场容量将保持在12万台以上。

随着我国经济持续增长、城镇化建设的加速和房地产行业的进一步发展，城市轨道交通、机场、大型商场等城市建设投入的增加，电梯市场需求量因多方面需求得到迅速增长。目前市场份额中，外资品牌占国内电梯市场的75%左右的份额，民族自主品牌约占25%的市场份额。我国民族自主品牌与外资品牌在资金和品牌上仍存在一定差距，自主品牌企业的发展还任重道远。

三、电梯的发展

电梯从问世到今天已经有100多年，它给人们的日常生活带来了无尽的便利与享受，成为人们生活中不可缺少的一部分。电梯由最早的简陋、不安全及不舒适的升降机发展到今天，经历了技术上不断的改进提高，其技术创新是无止境的。

综观电梯的发展历程，今后还将在以下几个方面有更大的改进和突破。

（一）技术方面

（1）超高速电梯。21世纪，随着人口数量与可利用土地面积之间的矛盾进一步激化，将会大力发展多用途、多功能的高层塔式建筑，超高速电梯继续成为研究方向。除了采用曳引式电梯外，直线电机驱动电梯也会有极大的发展空间。未来电梯如何保证安全性、舒适性和便捷性也成为一个研究方向。

（2）电梯智能群控系统。电梯智能群控系统将基于强大的计算机软硬件资源支持，能适应电梯运行过程中的不确定性、控制目标的多样化及非线性表现等动态特性。随着智能建筑的发展，电梯智能群控系统与大楼所有的自动化服务设施结合成整体智能系统，也是电梯技术的发展方向。

（3）蓝牙技术的应用。蓝牙（Blue Tooth）技术是一种全球开放的、短距离无线通信技术规范，它通过短距离无线通信，把电梯各种电子设备连接起来，取代纵横交错、繁杂凌乱的线路，实现无线成网，将极有效地提高电梯的先进性和可靠性。

（4）环保、节能。要求电梯更加节能环保，减少噪音污染、油污染和电磁辐射污染，兼容性强，寿命长，电梯中使用的各种原材料（包括装潢材料）均为绿色环保型，与建筑物及自然环境搭配协调，人性化程度高，并尽量使用太阳能和风能等绿色能源，减少对环境的破坏。

（二）管理方面

电梯产业将信息化、网络化。电梯控制系统如何与网络技术相结合将是未来电梯设计的主流趋势。在21世纪的今天如何提供用户满意的产品和服务已成为关系到各企业生死存亡的问题。电梯上网能确保为客户提供更优质的全程服务。将来各大品牌厂家为了生存和发展都会在公共网络系统中建立自己的电梯专用网络平台，这也是一条必由之路，电梯上网主要是实现以下功能：

（1）用网络把所有电梯监管起来，保证电梯的运行安全，确保乘客安全。当电梯出现故障时，电梯能通过网络向客户服务中心发出信号使维保人员能及时准确地了解电梯出现故障的原因及相关信息，乘客的人身安全是否受到威胁，并在第一时间内赶到事故现场进行抢修，同时通过网络对电梯内乘客进行安抚，把电梯出现故障的负面影响降到最低。也可以通过电梯网络在规定时间内自动扫描每台电梯各部件以发现故障隐患做到事先抢修，减少停梯时间，提高企业的服务质量。

（2）电梯网上交易。现在传统的营销体系是人对人的销售，由于需要大量的销售人员，其销售成本高昂。如果通过电梯商务网站，就可以大大降低销售成本。在网上可以展示产品的特点、功能、外形和尺寸以及所需土建尺寸。如在网上填写项目有关数据，就会自动进行电梯流量计算，并根据计算结果提供N个电梯配置（包括电梯型号、载重量、速度、停站数、候梯时间、运行时间等）方案供用户选择。如果用户需要也可以马上得到各个方案的报价，还可以在网上签订购销合同，通过网上银行支付货款，从而完成购销合同。当然也可以在网上下载自己认为有用的任何资料，以供日后选购时使用。

（3）利用网络快速、准确的特点，降低制作成本。各个企业（尤其是外资、合资企业）为降低成本全球采购是必然的，避免在采购过程中受到各种不正当手段的影响，利用电梯网站招标和竞标可以保证采购到价廉物美的电梯零部件，其运作非常低廉。也可把已定点所有外购件生产厂、配套厂通过网络联网，厂家在接到订单后，通过技术部门安排生产明细表和零部件制作分工表即可通过网络快速、准确地给网购件生产厂、配套厂下达生产指令，并指示交货地点，同时通过网络通知被厂家认可的专业安装队进场安装电（扶）梯。安装完成后，安装队在网上向厂家和有关部门申请验收。总之从销售到安装和售后服务许多工作都可以通过网络来完成，而且费用低、快速、准确、服务质量好。

四、工具、材料的准备

为了完成工作任务，每个小组需要准备如表1－1所述的工具及材料。

表 1－1　电梯起源、现状及发展所需工具及材料表

序号	工具名称	型号规格	数量	单位	备注
1	电脑		1	台	
2	彩纸	8K（各色）	2	张	
3	笔记本		1	本	
4	水彩笔		1	盒	
5	铅笔		1	支	
6	签字笔		1	支	

【任务实施】

（一）资讯

为了更好地完成工作任务，请回答以下问题。

（1）世界上第一台以蒸汽为动力、配有安全装置的载人升降机是 1852 年美国人________________发明的。

（2）目前，我国在用电梯约为________台，每年还以______台的速度增长。

（3）中国电梯行业发展经历了：第一阶段____________________、第二阶段________________、第三阶段________________。

（4）电梯未来的发展趋势主要以：________、________两个方面为主。

（5）________________是电梯厂家为了生存和发展的必由之路。

（二）学习活动

1. 资料搜集

（1）电梯的发展史

①世界电梯的发展史；②中国电梯的发展史。

（2）电梯的现状

①世界电梯的现状；②中国电梯的现状。

（3）电梯的发展趋势

①世界电梯的发展趋势；②中国电梯的发展趋势。

2. 小组讨论

每个小组通过搜集的资料进行讨论，验证资料的真实性、可靠性并完成表格 1－2。

表 1－2　电梯的起源、现状与发展讨论过程记录表

序号	讨论方向	讨论内容	讨论结果	备注
1	电梯的历史	世界电梯的历史		
		中国电梯的历史		
2				
3	电梯的现状	世界电梯的现状		
		中国电梯的现状		
4				
5	电梯的发展趋势	世界电梯的发展趋势		
		中国电梯的发展趋势		
6				

（三）实训活动

通过对资料的讨论与整理，各小组自主制作出电梯发展的历程及未来发展的趋势图。

【任务评价】

1. 成果展示

各组派代表上台总结完成任务的过程中，学会了哪些知识，展示学习成果，并叙述成果的由来。

2. 学生自我评价及反思

____

____

3. 小组评价及反思

____

____

4. 教师评估与总结

____

____

5．各小组对工作岗位的“6S”处理

在小组和教师都完成工作任务总结后，各小组必须对自己的工作岗位进行“整理、整顿、清扫、清洁、安全、素养”的处理；归还工量具及剩余材料。

6．评价表（表1－3）

表1－3　电梯起源、现状与发展学习评价表（100分）

序号	内容	配分	评分标准	扣分	得分	备注
1	授课过程	10	1．无故迟到（扣1～4分）			
			2．交头接耳（扣1～2分）			
			3．玩手机、打瞌睡（扣1～4分）			
2	工具材料准备	20	1．工具材料未按时准备（扣15分）			
			2．工具材料未准备齐全（扣1～5分）			
3	资料搜集	20	1．未参与搜集资料（扣15分）			
			2．资料搜集不齐全（扣1～5分）			
4	小组讨论	20	1．未参与小组讨论（扣15分）			
			2．小组讨论不积极（扣1～5分）			
5	实训活动	20	1．未参与实训活动（扣15分）			
			2．实训活动不积极（扣1～5分）			
			3．作品做工马虎，字迹潦草（扣1～2分）			
6	职业规范和环境保护	10	1．在工作过程中工具和器材摆放凌乱（扣1～2分）			
			2．不爱护设备、工具，不节省材料（扣1～2分）			
			3．在工作完成后不清理现场，在工作中产生的废弃物不按规定处置，各扣5分，（若将废弃物遗弃在课桌内的可扣10分）			
得分合计						
教师签名						

【知识技能扩展】

从汽车和电梯这两种运输工具比较，两者之间有哪些相同与不同？（从运行区域、操作方便性及自动化程度、工作特点等方面考虑。）

任务2　电梯的定义与分类

【工作任务】

电梯的定义与分类。

【任务目标】

认识电梯的定义与分类。

【任务要求】

通过对任务的学习，各小组能够认识电梯的定义与分类；树立牢固的安全意识与规范操作的良好习惯，任务完成后各小组对如何区分电梯的种类谈谈自己的看法。

【能力目标】

小组发挥团队合作精神搜集电梯定义及分类的相关资料、图片并展示。

【任务准备】

一、电梯的定义

根据国家标准 GB/T 7024—2008《电梯、自动扶梯、自动人行道术语》规定，电梯的定义为：电梯（Lift，Elevator），服务于规定楼层的固定式升降设备。它具有一个轿厢，运行在至少两列垂直或倾斜角小于15°的刚性导轨之间。轿厢尺寸与结构形式便于乘客出入或装卸货物，如图1－3所示为电梯结构简图。

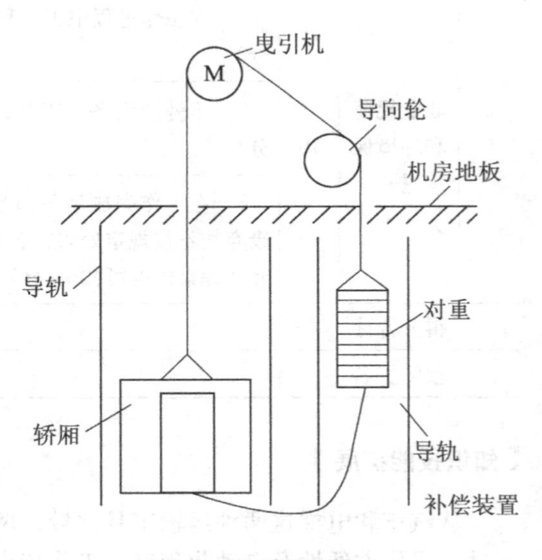

图1－3　电梯结构简图

根据上述定义，我们平时在商

场、车站见到的自动扶梯和自动人行道（如图1－4所示）并不能被称为电梯。它们只是垂直运输设备中的一个分支或扩充。

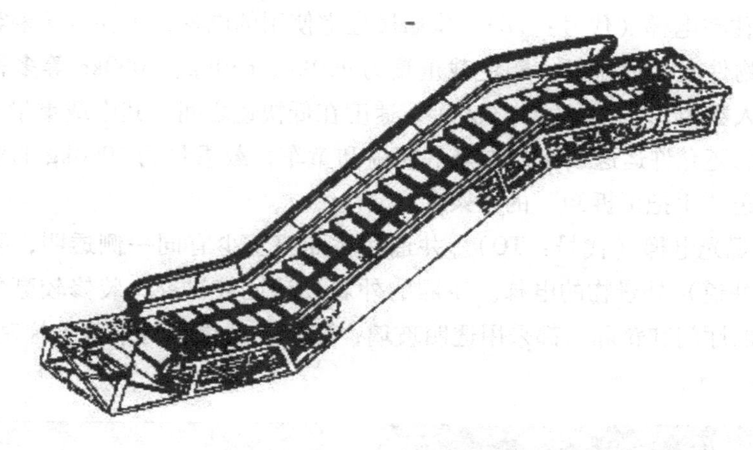

图1－4　自动扶梯结构简图

二、按电梯用途的分类

日常使用的电梯种类繁多、用途各异，下面介绍一下按电梯用途的基本分类。

（1）乘客电梯（代号：TK）。适用于高层住宅及办公大楼、宾馆、饭店运送乘客的电梯，要求安全舒适，轿厢内部装饰新颖美观，可以手动或自动控制。最好是有/无司机操纵两用。轿厢的顶部除了吊灯外，大都设置排风机，在轿厢的侧壁上则有回风口以加强通风效果。为了便于乘客进出轿厢，一般轿厢宽度与深度比例为10:7～10:8，如图1－5所示。

图1－5　乘客电梯

额定载重量有630kg、800kg、1000kg、1250kg、1600kg等多种。速度有0.63m/s、1.00m/s、1.60m/s、2.50m/s等，载客人数为8～21人。运送效率高，在超高层建筑物应用时的速度可以超过3.00m/s而达到5.00m/s、9.00m/s或10.00m/s等。

（2）客货（两用）电梯（代号：TL）。主要用于运送乘客，但也可以运送货物的电梯，它与乘客电梯的区别在于轿厢内部装饰结构不同，通常称此类电梯为服务电梯，一般为低速。

（3）住宅电梯（代号：TZ）。供居民住宅使用的电梯，主要运送乘客，也可运送家用物件或生活用品。额定载重量为400kg、630kg、1000kg等多种，其相应的载客人数为5人、8人、13人等，速度在低快速之间。其中载重量630kg的电梯，轿厢还允许运送残疾人乘坐的轮椅和童车；载重量为1000kg的电梯，轿厢还能运送“手把可拆卸”的担架和家具。

（4）观光电梯（代号：TO）。井道和轿厢壁至少有同一侧透明，乘客可观看轿厢（井道）外景物的电梯。轿厢的外观设计比较讲究，装修较豪华，有的观光电梯的厅门和轿厢门都采用透明玻璃，速度及载重量与乘客电梯基本相同，如图1-6所示。

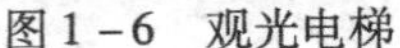
图1-6 观光电梯

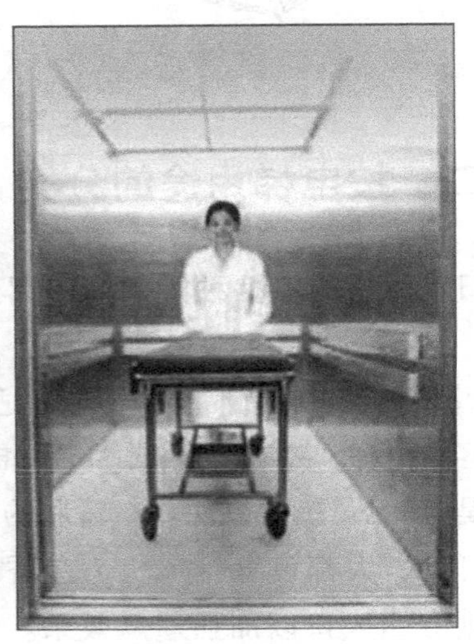
图1-7 病床电梯

（5）病床电梯（代号：TB）。医院用于运送病人，医疗器械和救护设备，其特点是轿厢窄而深，常要求前后门贯通开门。对运行稳定性要求较高，运行中噪声应符合设计要求，一般有专职司机操作。载重量有1000kg、1600kg、2000kg等多种，运行速度为0.63m/s、1.00m/s、1.60m/s、2.00m/s，如图1-7所示。

（6）载货电梯（代号：TH）。用于运载货物。要求结构牢固安全性好，轿厢的面积通常比较大，并按载重量设计，一般轿厢深度大于宽度或相等。载重量有630kg、1000kg、1600kg、2000kg、3000kg、5000kg等多种；通常速度在1.00m/s以下，如图1-8所示。

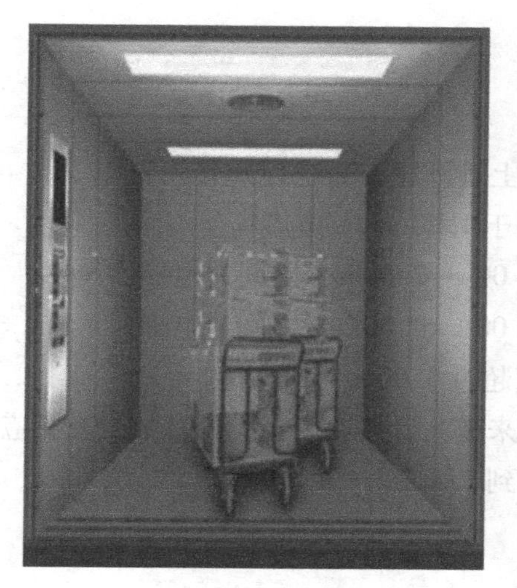

图 1－8　载货电梯

图 1－9　车用电梯

（7）车辆电梯/汽车用电梯（代号：TQ）。用于各种客车、轿车或货车的垂直运输，如高层或多层车库、仓库等处都有使用，这种电梯的轿厢面积有特殊规定，一般都比较大，要与所装用的车辆相匹配，其构造则应充分牢固，有的是无轿厢的。升降速度一般都较低（小于 1.00m/s），如图 1－9 所示。

图 1－10　杂物电梯

（8）杂物电梯（代号：TW）。供运送一些轻便的图书、文件、食品等，但不允许人员进入轿厢，由门外按钮控制，额定载重有 40kg、100kg、250kg 等多种。轿厢的运行速度小于 0.50m/s，如图 1－10 所示。

（9）船用电梯（代号：TC）。船舶电梯是固定安装在船舶上为乘客和船员或其他人员使用的提升设备。它能在船舶摇晃的规定范围内正常工作。速度一般 1m/s 以下。

（10）其他电梯。用作专门用途的电梯，如冷库电梯、防爆电梯、防腐电梯、矿井电梯、建筑工程电梯等，此类电梯速度一般较低。

三、按电梯速度的分类

电梯无严格的速度分类规则，国内习惯上按下述方法进行分类。

（1）低速电梯。低速电梯是指速度不大于1.00m/s的电梯。

（2）中速电梯。中速电梯是指速度在1.00～2.00m/s之间的电梯。

（3）高速电梯。高速电梯是指速度在2.00～4.00m/s之间的电梯。

（4）超高速电梯。超高速电梯是指速度超过4.00m/s的电梯。

随着电梯技术的不断发展，电梯速度越来越高，按速度分类的基数也在相应提高。到目前为止，世界上最高速度已经达到17m/s。

四、按有无司机的分类

（1）有司机电梯，电梯的运行方式由专职司机操纵来完成。

（2）无司机电梯，乘客进入电梯轿厢，按下操纵盘上所需要去的层楼按钮，电梯自动运行到达目的层楼，这类电梯一般具有集选功能。

（3）有/无司机电梯，这类电梯可变换控制电路，平时由乘客操纵，如遇客流量大或必要时改由司机操纵。

五、按电梯控制方式的分类

（1）手柄开关操纵（代号：S）。电梯司机在轿厢内控制操纵盘手柄开关，实现电梯的起动、上升、下降、平层、停止的运行状态。

（2）按钮控制电梯（代号：A）。是一种简单的自动控制电梯，具有自动平层功能，常见有轿外按钮控制、轿内按钮控制两种控制方式。

（3）信号控制电梯（代号：XH）。这是一种自动控制程度较高的有司机电梯。除具有自动平层，自动开门功能外，尚具有轿厢命令登记，层站召唤登记，自动停层，顺向截停和自动换向等功能。

（4）集选控制电梯（代号：JX）。是一种在信号控制基础上发展起来的全自动控制的电梯，与信号控制的主要区别在于能实现无司机操纵。

（5）并联控制电梯（代号：BL）。2～3台电梯的控制线路并联起来进行逻辑控制，共用层站外召唤按钮，电梯本身都具有集选功能。

（6）群控电梯（代号：QK）。是用微机控制和统一调度多台集中并列的电梯。群控有梯群的程序控制、梯群智能控制等形式。

六、按电梯驱动方式的分类

（1）交流电梯（代号：J）。用交流感应电动机作为驱动力的电梯。根据拖动方式又可分为交流单速、交流双速、交流三速、交流调压调速、交流变压变频调速等。

（2）直流电梯（代号：Z）。用直流电动机作为驱动力的电梯。这类电梯的额定速度一般在2.00m/s以上的快速或高速电梯。

（3）液压电梯（代号：Y）。一般利用电动泵驱动液体流动，由柱塞使轿厢升降的电梯，此类电梯的速度为1.00m/s以下。

（4）齿轮齿条电梯。将导轨加工成齿条，轿厢装上与齿条啮合的齿轮，电动机带动齿轮旋转使轿厢升降的电梯，一般用于建筑工程中。

（5）螺杆式电梯。将直顶式电梯的柱塞加工成矩形螺纹，再将带有推力轴承的大螺母安装于油缸顶，然后通过电机经减速机（或皮带）带动螺母旋转，从而使螺杆顶升轿厢上升或下降的电梯。

（6）直线电机驱动的电梯。其动力源是直线电机。

（7）永磁无齿轮曳引电梯。用永磁无齿轮曳引机作为动力源，是目前具有最新驱动方式的电梯。

电梯问世初期，曾用蒸汽机、内燃机作为动力直接驱动电梯，现已基本绝迹。

七、按电梯机房位置的分类

（1）机房上置式电梯的机房位于井道上部。

（2）机房下置式电梯的机房位于井道下部。

（3）机房旁置式电梯的机房位于井道旁边，一般为小机房电梯或液压电梯。

（4）有机房电梯的机房在井道顶部上方（个别亦有井道下部），机房面积符合常规要求。

（5）无机房电梯即没有机房的电梯，驱动系统及控制器安装在井道上方或下方，可节省机房，美化建筑物。

（6）侧置机房电梯的机房在井道侧面的房间。一般用于液压电梯较多。

八、工具、材料的准备

为了完成工作任务，每个小组需要准备如表1－4所述的工具及材料。

表1-4　电梯分类学习任务所需工具及材料表

序号	工具名称	型号规格	数量	单位	备注
1	电脑		1	台	
2	彩纸	8K（各色）	2	张	
3	笔记本		1	本	
4	水彩笔		1	盒	
5	铅笔		1	支	
6	签字笔		1	支	

【任务实施】

（一）资讯

为了更好地完成工作任务，请回答以下问题。

（1）按照电梯用途分类，电梯主要有________、________、________、________、________、和________等几大类。

（2）交流电梯的代号为________。

（3）我国电梯按照机房位置分类可分为________、________。

（4）电梯按照驱动方式可分为________、________、________、________及________。

（5）交流电梯的曳引电动机为________电动机。

（二）学习活动

1. 资料搜集

（1）电梯按照用途分类；

（2）电梯按照运行速度分类；

（3）电梯按照拖动方式分类；

（4）电梯按照操控方式分类；

（5）电梯按照有无机房分类；

（6）电梯按照曳引机结构形式分类；

（7）其他特殊类型电梯。

2. 小组讨论

每个小组通过搜集的资料进行讨论，验证资料的真实性、可靠性并完成表格

1－5。

表1－5　电梯的起源、现状与发展讨论过程记录表

序号	讨论方向	讨论内容	讨论结果	备注
1	电梯按照用途分类			
2	电梯按照运行速度分类			
3	电梯按照拖动方式分类			
4	电梯按照操控方式分类			
5	电梯按照有无机房分类			
6	电梯按照曳引机结构形式分类			
7	其他特殊类型电梯			

（三）实训活动

1．实训准备

（1）指导教师先到电梯所在场所“踩点”。了解周边环境，事先做好预案（参观路线、学生分组等）。

（2）对学生进行参观前的安全教育。

2．参观活动

组织学生到相关实训场所参观电梯，将观察结果记录于表1－6中（也可自行设计记录表）。

表1-6　实训电梯参观记录

电梯类型	客梯；货梯；客货两用梯；观光梯；特殊用途电梯；自动扶梯；自动人行道
安装位置	
主要用途	载客；货运；观光；其他用途
楼层数	
载重量	
拖动方式	直流；交流；液压；齿轮齿条；螺旋式
运行速度	低速；快速；高速；超高速
控制方式	司机轿厢外操作；司机轿厢内操作；轿厢内按钮操作；轿厢外按钮操作
其他	

3. 参观总结

学生分组，每个人口述所参观的电梯类型、用途、基本功能等。

【任务评价】

1. 成果展示

各组派代表上台总结完成任务的过程中，学会了哪些知识，展示学习成果，并叙述成果的由来。

2. 学生自我评价及反思

____

____

3. 小组评价及反思

____

____

4. 教师评估与总结

____

____

5. 各小组对工作岗位的“6S”处理

在小组和教师都完成工作任务总结后，各小组必须对自己的工作岗位进行“整理、整顿、清扫、清洁、安全、素养”的处理，归还工量具及剩余材料。

6. 评价表（表1-7）

表1-7　电梯起源、现状与发展学习评价表（100分）

序号	内容	配分	评分标准	扣分	得分	备注
1	授课过程	10	1. 上课时无故迟到（扣1～4分）			
			2. 上课时交头接耳（扣1～2分）			
			3. 上课时玩手机、打瞌睡（扣1～4分）			
2	工具材料准备	10	1. 工具材料未按时准备（扣10分）			
			2. 工具材料未准备齐全（扣1～5分）			
3	资料搜集	10	1. 未参与搜集资料（扣10分）			
			2. 资料搜集不齐全（扣1～5分）			
4	小组讨论	20	1. 未参与小组讨论（扣15分）			
			2. 小组讨论不积极（扣1～5分）			
5	参观实训电梯	30	1. 不按要求到实训场所进行参观（扣30分）			
			2. 无电梯参观记录（扣20分）			
			3. 参观过程不认真或参观记录不详细（扣10分）			
6	职业规范和环境保护	20	1. 在工作过程中工具和器材摆放凌乱，（扣4～5分）			
			2. 不爱护设备、工具，不节省材料（扣4～5分）			
			3. 在工作完成后不清理现场，在工作中产生的废弃物不按规定处置，各扣5分（若将废弃物遗弃在课桌内的可扣20分）			
得分合计						
教师签名						

【知识技能扩展】

请根据参观的电梯制作出电梯轿厢模型。

任务3　电梯的基本结构、术语及基本参数

【工作任务】

电梯的基本结构、术语及基本参数。

【任务目标】

（1）认识电梯的基本结构；
（2）能够准确叙述出电梯各个部件的名称及位置；
（3）了解电梯的基本参数。

【任务要求】

通过对任务的学习，各小组能够认识电梯的基本结构；能够准确叙述出电梯各个部件的名称及位置；了解电梯的基本参数，树立牢固的安全意识与规范操作的良好习惯，任务完成后各小组能够叙述出电梯内有哪些部件及主要参数。

【能力目标】

小组发挥团队合作精神搜集电梯结构、术语及基本参数的相关资料、图片并展示。

【任务准备】

一、电梯的基本结构

电梯是机电技术高度结合，用来完成垂直方向运输任务的特种设备，其中的机械部分相当于人的躯体，电气部分相当于人的神经，两者不可分割，关系密切。机与电的高度合一，使电梯成为现代科技的综合产品，同时对其运行的安全可靠程度要求非常高。

1．电梯的整体结构

图1－11是电梯整体结构图，其中各部分装置与结构如图所示。

不同规格型号的电梯，其功能和技术要求不同，配置与组成也不同，在此，我们以比较典型的曳引式电梯为例作介绍。

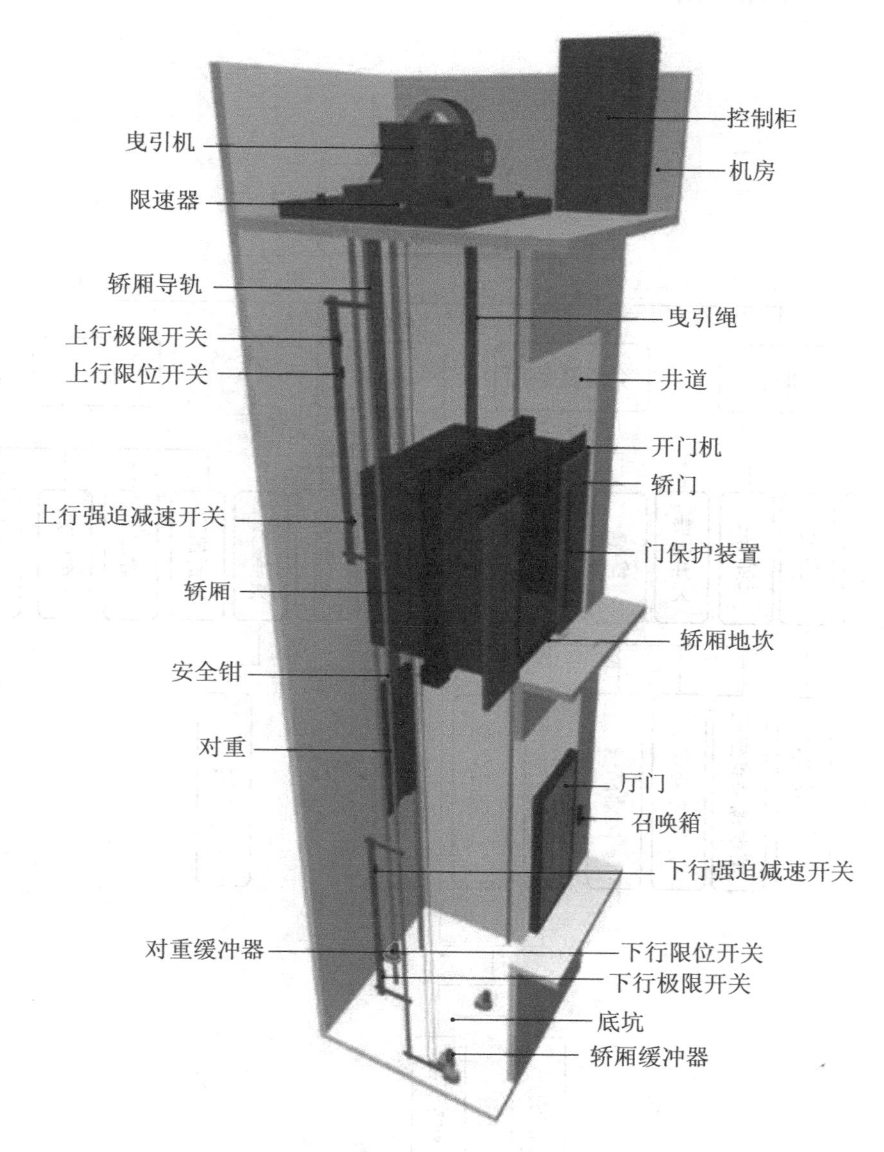

图 1－11　电梯整体结构图

二、电梯的组成及占用空间

图 1－12 是典型电梯的结构组成框图，是根据使用中电梯所占的四个空间，对电梯结构做了划分。由图 1－11、图 1－12 不难看出一台完整电梯组成的大致情况。

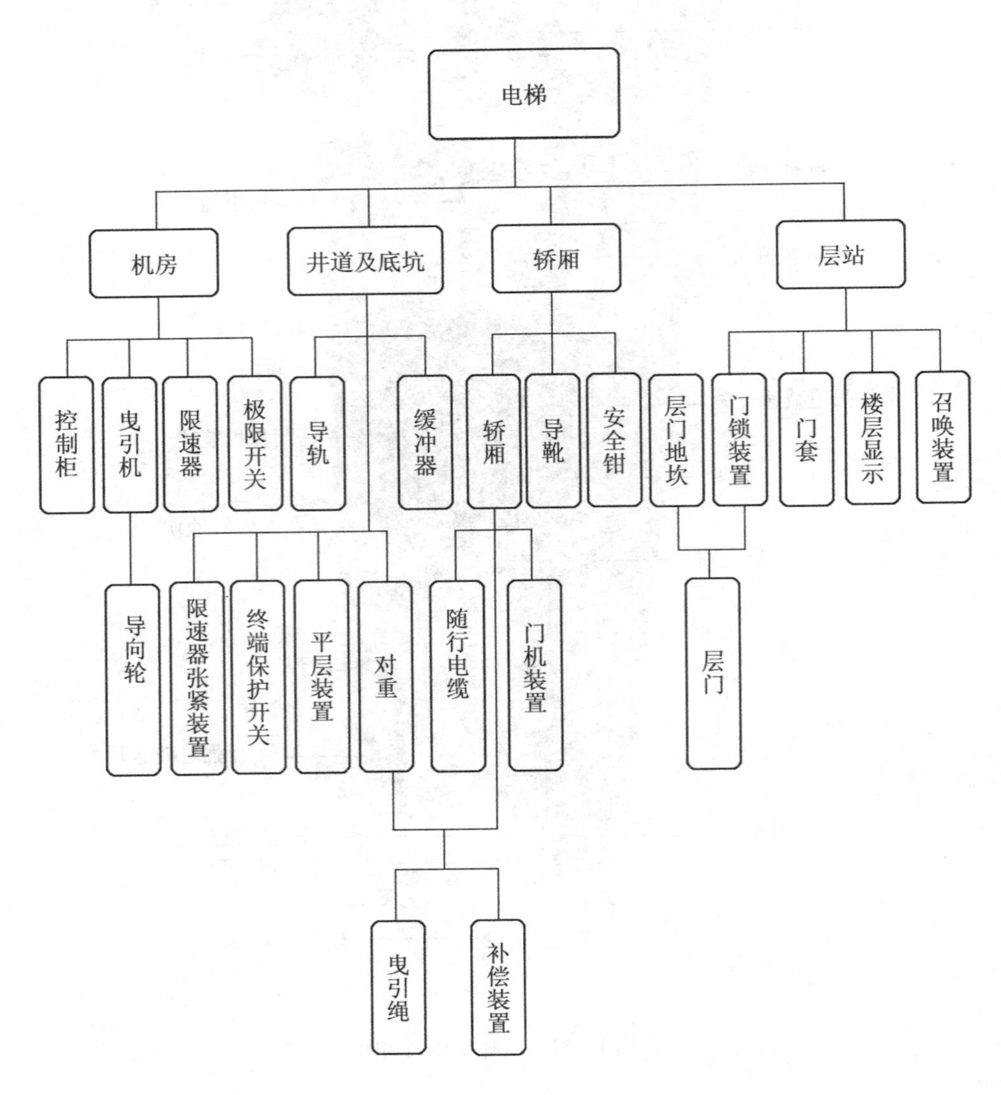

图 1－12　从四大空间上划分电梯的组成图

三、电梯名词术语及含义

表 1－8 电梯名词术语及含义

所属部分	名词术语	含义
电梯整体	1. 额定速度	电梯设计所规定的轿厢速度，单位为 m/s
	2. 额定载重量	电梯设计所规定的轿厢最大载荷，单位为 kg
	3. 乘客人数	电梯设计限定的最多乘客量（包括司机在内）
	4. 电梯司机	经过专门训练、有合格操作证的授权操作电梯的人员
	5. 提升高度	从底层端站楼面至顶层端站楼面之间的垂直距离
机房部分	1. 机房	安装一台或多台曳引机及其附属设备的专用房间
	2. 机房高度	机房地面至机房顶板之间的最小垂直高度
	3. 机房宽度	机房内沿平行于轿厢宽度方向的水平距离
	4. 机房深度	机房内垂直与机房宽度的水平距离
	5. 机房面积	机房宽度与机房深度的乘积
	6. 辅助机房、隔层和滑轮间	机房在井道的上方时，机房楼板与井道顶之间的房间。它有隔音的功能，也可安装滑轮、限速器、和电气设备
	7. 有齿轮曳引机	电动机通过减速齿轮箱驱动曳引轮的曳引机
	8. 无齿轮曳引机	电动机直接驱动曳引轮的曳引机
	9. 曳引机	包括电动机、制动器和曳引轮在内的靠曳引绳与曳引轮的摩擦力驱动或停止电梯运行的装置
	10. 承重梁	敷设在机房楼板上、下面，承受曳引机自重及其负载的钢梁
	11. 电动机	是驱动电梯运行的动力装置
	12. 制动器	对主动转轴或曳引轮起制动（刹车或放开）作用的装置
	13. 注速器	是一种使快速电动机与曳引绳传动机构的旋转频率协调一致的装置
	14. 曳引轮	曳引机上的驱动轮
	15. 曳引绳	连接轿厢和对重装置，并靠与曳引轮槽的摩擦力驱动轿厢升降的专用钢丝绳
	16. 绳头组合	曳引绳与轿厢、对重装置或机房承重梁连接用的部件
	17. 复绕轮	为增大曳引绳对曳引轮的包角，将曳引绳绕出曳引轮后经绳轮再次绕入曳引轮，这种兼有导向作用的绳轮为复绕轮
	18. 导向轮	为增大轿厢与对重之间的距离，使曳引绳经曳引轮再导向对重装置或轿厢一侧而设置的绳轮

（续表1－8）

所属部分	名词术语	含　义
机房部分	19. 减震器	用来减小电梯运行时震动和噪音的装置
	20. 控制柜	各种电子元器件和电器元器件安装在一个有防护作用的柜型结构内的电控设备
	21. 控制屏	有独立的支架，支架上有金属绝缘底板或横梁，各种电子元器件和电器元器件安装在底板或横梁上的一种屏式的电控设备
	22. 限速器	当电梯的运行速度超过额定速度一定值时，其动作能使安全钳起制停的安全装置
	23. 速度检测装置	检测轿厢运行速度，将其转变成电信号的装置
	24. 电梯曳引绳曳引比	悬吊轿厢的钢丝绳根数与曳引轮单侧的钢丝绳根数之比
	25. 惯性轮	也称飞轮，在交流电梯中，一般设置在曳引电动机轴伸出端部，用以增加转动惯量的轮子
	26. 盘车手轮	靠人力使曳引轮转动的专用手轮
	27. 制动器扳手	松开曳引机制动器的手动工具
	28. 机房层站指示器	设置在机房内，显示轿厢运行所处层站的信号装置
井道部分	1. 井道	轿厢和对重装置或液压柱塞运动的空间，该空间是以井道底坑的底、井道壁和顶为界限的
	2. 单梯井道	只供一台电梯运行的井道
	3. 多梯井道	可供两台电梯运行的井道
	4. 井道壁	用来隔开井道和其他场所的结构
	5. 检修门	开设在井道壁上，通向底坑或滑轮间供检修人员使用的门
	6. 井道宽度	平行轿厢宽度方向井道壁内表面之间的水平距离
	7. 井道深度	有底层端站地板至井道底坑地板之间的垂直距离
	8. 地坑深度	由底层端站底板至井道底坑之间的垂直距离
	9. 牛腿	位于各层站出入口下方井道内侧，供支撑层门地坎所用的建筑物突出部分
	10. 限速器张紧轮	张紧限速器钢丝绳的绳轮装置
	11. 底坑	底层端站底板以下的井道部分

（续表 1－8）

所属部分	名词术语	含　义
井道部分	12. 底坑护栏	设置在底坑，位于轿厢和对重之间，对维修人员起防护作用的栅栏
	13. 底坑检修照明装置	设置在井道底坑，供检修人员检修时照明的装置
	14. 导轨	供轿厢和对重运行的导向部件
	15. 空心导轨	由钢板经冷轧弯成空腹 T 型导轨
	16. 导轨支架	固定在井道壁或横梁上，支撑和固定导轨的构件
	17. 导轨连接件（板）	紧固在相邻两根导轨的端部底面，起连接导轨作用的金属板
	18. 端站减速装置	当轿厢将到达端站时，强迫其减速并停止的保护装置
	19. 端站限位开关	用行程开关装在基站和顶站井道轿厢导轨侧面适当位置，以限制电梯越位的装置
	20. 极限开关	当轿厢运行超越端站停止装置时，在轿厢或对重装置未接触缓冲器之前，强迫切断主电源和控制电源的非自动复位的安全装置
	21. 导轨润滑装置	设置在轿厢架和对重框架上端两侧，为保持导轨与滑动导靴之间有良好润滑的自动注油装置
	22. 缓冲器	位于行程端部，用来吸收轿厢动能的一种弹性缓冲安全装置
	23. 油压缓冲器、耗能型缓冲器	以油为介质吸收轿厢或对重产生动能的缓冲器
	24. 弹簧或聚氨酯类缓冲器、蓄能型缓冲器	以弹簧或聚氨酯变形来吸收轿厢或对重产生动能的缓冲器
	25. 油压缓冲器工作行程	油压缓冲器柱塞端面受压后所移动的垂直距离
	26. 弹簧缓冲器工作行程	弹簧受压后变形的垂直距离

（续表1－8）

所属部分	名词术语	含　义
轿厢部分	1. 轿厢	运送乘客或其他载荷的轿体部件
	2. 轿厢宽度	平行于轿厢入口宽度的方向，在距离轿厢底1m处测得的轿厢两个内表面之间的水平距离
	3. 轿厢深度	垂直于轿厢宽度的方向，在距离轿厢底1m处测得的轿厢壁两个内表面之间的水平距离
	4. 轿厢高度	从轿厢内部测得地板至轿厢顶部之间的垂直距离（轿厢顶灯罩和可拆卸的吊顶在此距离之内）
	5. 轿底间隙	当轿厢处于完全压缩缓冲器位置时，从底坑底面到安装在轿厢底下部最低构件的垂直距离（最低构件不包括导靴、滚轮、安全钳和护脚板）
	6. 轿顶间隙	当对重装置处于完全压缩缓冲器位置时，对重装置最高的部分至井道顶部最低部分的垂直距离
	7. 对重装置顶部间隙	当轿厢处于完全压缩缓冲器位置时，对重装置最高的部分至井道顶部最低部分的垂直距离
	8. 轿厢底、轿底	在轿厢底部支承载荷的组件，它包括地板、框架等构件
	9. 轿厢壁、轿壁	由金属板与轿厢底、轿厢顶和轿厢门围成的一个封闭空间
	10. 轿厢顶、轿顶	在轿厢的上部，具有一定强度要求的顶盖
	11. 轿厢装饰(顶)	轿厢内顶部装饰部件
	12. 轿厢扶手	固定在轿厢壁上的扶手
	13. 轿厢入口	轿厢壁上的开口部分，是构成从轿厢到层站之间的正常通道
	14. 轿厢入口净尺寸	轿厢到达停靠站，轿厢门完全开启后，所测得门口的宽度和高度
	15. 轿顶防护栏杆	设置在轿顶上部，对维修人员起防护作用的构件
	16. 轿厢架、轿架（龙门）	固定和支撑轿厢的框架
	17. 轿厢主门、主动门	设置在轿厢入口的门
	18. 开门宽度	轿厢门和层门完全开启后的宽度
	19. 开门机	使轿厢门和（或）层门开启或关闭的装置

（续表1－8）

所属部分	名词术语	含　义
轿厢部分	20. 自动门	靠动力开关的轿门或层门
	21. 手动门	用人力开关的轿门或层门
	22. 安全触板	在轿门关闭过程中，当有乘客或障碍物触及时，轿门重新打开的机械门保护装置
	23. 中分门	层门或轿门，由门口中间各自向左、右以相同速度开启的门
	24. 垂直中分门	层门或轿门的两扇门，由门口中间以相同速度各自向上、下开启的门
	25. 垂直滑动门	沿门两侧垂直门导靴滑动开启的门
	26. 旁开门、双折门、双速门	层门或轿门的两扇门，以两种不同速度向同一侧开启的门
	27. 左开门、右开门	面对轿厢，向左方向开启的层门或轿门称为左开门，面对轿厢向右方向开启的层门或轿门称为右开门
	28. 水平滑动门	沿门导轨和地坎槽水平滑动开启的门
	29. 栅栏门	可折叠，关闭后成栅栏形状的轿厢门
	30. 地坎	轿厢或层门入口处，出入轿厢的带槽金属踏板
	31. 轿厢地坎	轿厢入口处的地坎
	32. 轿厢安全窗	设置在轿厢顶部向外开启的封闭装置，供安装、检修人员使用或发生事故时的出入口，窗上装有打开后即可断开电路的开关
	33. 轿顶检修装置	设置在轿顶上部，供检修人员检修时应用的装置
	34. 轿顶照明装置	设置在轿顶上部，供检修人员检修时照明的装置
	35. 轿厢内指层灯、轿厢位置指示	设置在轿厢内，显示其运行方向和层站的装置
	36. 超载装置	当轿厢超过额定载重量时，能发出警告信号并使轿厢不能运行的安全装置
	37. 称量装置	能检测轿厢内载荷值，并发生信号的装置
	38. 曳引绳	设置在井道中，由曳引绳经曳引轮与轿厢和对重连接，在运行过程中起传力和平衡作用的装置
	39. 补偿链装置	用金属链构成的补偿装置

（续表1-8）

所属部分	名词术语	含　义
轿厢部分	40. 曳引绳补偿装置	用来平衡由于电梯提升高度过高，曳引绳过长造成运行过程中偏重现象的部件
	41. 补偿绳装置	用钢丝绳和张紧轮构成的补偿装置
	42. 补偿绳防跳装置	当补偿张紧装置超出限定位置时，能使曳引机停止运转的电气安全装置
	43. 反绳轮	一般设置在轿厢架和对重装置上部的动滑轮称为反绳轮，根据需要的曳引绳绕过反绳轮可以构成不同的曳引比
	44. 滚轮导靴	设置在轿厢架和对重装置上，其滚轮在导轨上滚动，使轿厢和对重装置沿导轨运行的装置
	45. 滑动导靴、靴衬	设置在轿厢架和对重装置上，其靴衬在导轨上滑动，使轿厢和对重装置沿导轨运动的装置称为滑动导靴。滑动导靴中的滑动摩擦零件称为靴衬
	46. 随行电缆	连接于运行的轿厢底部与井道固定点之间的电缆
	47. 操纵箱、操纵盘	用开关、按钮操纵轿厢运行的电气装置
	48. 警铃按钮	设置在操纵盘上操纵警铃的按钮
	49. 急停按钮、停止按钮	能断开控制柜电路使轿厢停止运行的按钮
	50. 邻梯指层灯	在轿厢内反映相邻轿厢运行状态的指示装置
	51. 梯群监控盘	梯群控制系统中，能集中反映各轿厢运行状态，可供管理人员监视和控制的装置
	52. 随行电缆架	在轿厢底部架设随行电缆的部件
	53. 钢丝绳夹板（挡绳器）	夹持曳引绳，能使绳距和曳引轮绳槽距一致的部件
	54. 绳头板	架设绳头组合的部件
	55. 护脚板	从层站地坎或轿厢地坎向下延伸并具有平滑垂直部分的安全挡板
	56. 安全钳装置	限速器动作时，使轿厢或对重停止运行并保持静止状态，并能夹紧在导轨上的一种机械安全装置
	57. 瞬时式安全钳装置	能瞬时使夹紧力达到最大值，并能完全夹紧在导轨上的安全钳

（续表 1－8）

所属部分	名词术语	含　义
轿厢部分	58. 渐进式安全钳装置	采取特殊措施使夹紧力逐渐达到最大值，最终能完全夹紧在导轨上的安全钳
	59. 钥匙开关盒、基站锁	一种供专职人员使用钥匙才能使电梯投入运行或停止的电气装置
	60. 层门安全开关	当层门未完全关闭时，使轿厢不能运行的安全装置
	61. 轿厢安全门、应急门	同一井道内有多台电梯，在相邻轿厢壁上并向内开启的门，供乘客和司机在特殊情况下离开轿厢，而改乘相邻轿厢的安全出口。门上装有当门扇打开即可断开控制电路的开关
	62. 近门保护装置	设置在轿厢出入口处，在门关闭过程中，当出入口有乘客或障碍物时，通过电子元器件或其他元件发出信号，使门停止关闭并重新打开的安全装置
	63. 紧急开锁装置	为应急需要，在层门外借助层门上三角钥匙孔能将层门打开的装置
	64. 紧急救援电源装置、应急电源装置	电梯供电电源出现故障而断电时，供轿厢运行到邻近层站停靠的电源装置
层站部分	1. 层站	各楼层用于出入轿厢的地点
	2. 层站入口	在井道壁上的开口部分，其为构成从层站到轿厢之间的通道
	3. 层门、厅门、被动门	设置在层站入口的门
	4. 层门宽度	层门完全开启后的净宽
	5. 召唤盒、呼梯按钮	设置在层站一侧，召唤轿厢停靠在呼梯层站的装置
	6. 层门门套	装饰层门门框的构件
	7. 层站指示灯	设置在层门上方或一侧，显示轿厢运行层站和方向的装置
	8. 轿厢运行方向指示灯	设置在层门上方或一侧，显示轿厢运行方向的装置
	9. 层门地坎	层门入口处的地坎

（续表 1－8）

所属部分	名词术语	含　义
层站部分	10. 门锁装置、联锁装置	轿门与层门，门关闭后锁紧，同时接通控制回路，轿厢方可运行的机电联锁安全装置
	11. 开锁区域	轿厢停靠层站时在地坎，上、下延伸的一段区域。当轿厢底在此区域内时门锁方能打开，使开门机动作，驱动轿门和层门开启
	12. 检修操作	在电梯检修时，控制检修装置使轿厢运行的操作
	13. 独立操作	靠钥匙开关来操纵轿厢内按钮使轿厢升降运行
	14. 层站开关门装置	在电梯检修时，能在层门外用专用工具开启或关闭层门的装置
	15. 基站	轿厢无投入运行指令时停靠的层站，一般位于大厅或底层端站乘客最多的地方
	16. 预定基站	并联或梯群控制的电梯轿厢无运行指令时，指定停靠待命运行的层站
	17. 底层端站、顶层端站	最低的轿厢停靠站称为底层端站，最高的轿厢停靠站称为顶层端站
	18. 层间间距	两个相邻停靠站层门地坎之间的距离
	19. 平层	在平层区域内，使轿厢地坎与层门地坎达到同一平面的运动
	20. 平层区	轿厢停靠站上方和（或）下方的一段有限区域。在此区域内可以用平层装置来使轿厢运行达到平层
	21. 平层装置	在平层区域内，使轿厢达到平层准确度要求的装置
	22. 平层准确度	轿厢到站停靠后，其地坎上平面对层门地坎上平面垂直方向的误差值
	23. 防火门、防火层门	能防止或延缓炙热气体或火焰通过的一种层门
	24. 铰链门、外敞门	门的一侧为铰链连接，由井道向通道方向开启的门
	25. 平层感应板	可使平层装置动作的金属板
	26. 消防开关盒	发生火灾时，可供消防人员将电梯转入消防状态使用的电气装置。一般设置在基站
	27. 消防服务	操纵消防开关能使电梯投入消防员专用的状态
	28. 顶层高度	由顶层端站底板至井道顶板下最突出构件之间的垂直距离

四、电梯的型号

电梯的型号是指用以表示电梯基本参数的一些字母、数字和其他有关符号的组合。它的最大特点就是简单明了地表述电梯的基本参数。电梯型号代号由电梯类型、组、型，主要参数和控制方式等三部分组成，如图 1－13 所示。

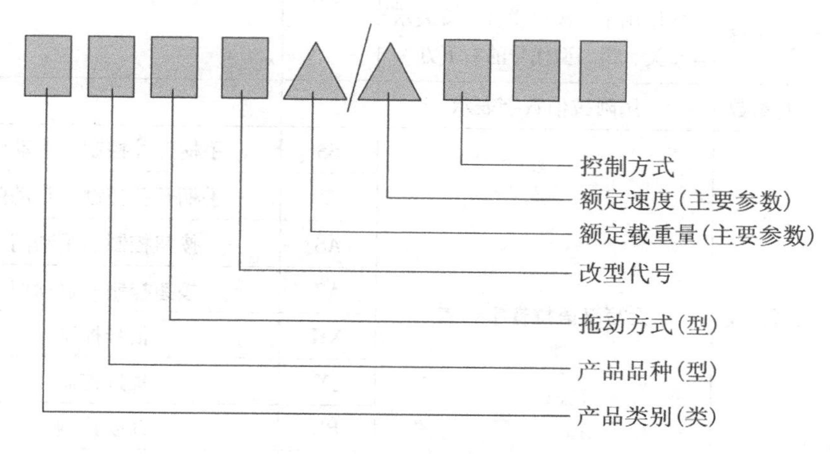

图 1－13　电梯型号示意图

电梯产品型号符号及意义如表 1－9 所示。

表 1－9　电梯产品型号符号及意义

序号	型号组成		符号	意义
1	产品类别	用大写汉语拼音字母表示	T	电梯
2	产品品种	用大写汉语拼音字母表示	K	乘客电梯
			H	载货电梯
			L	客货两用电梯
			B	病床电梯
			Z	住宅电梯
			W	杂物电梯
			C	船用电梯
			G	观光电梯
			Q	汽车电梯

（续表 1－9）

序号	型号组成		符号	意义
3	拖动方式	用大写汉语拼音字母表示	J	交流
			Z	直流
		用大写汉语拼音字母表示	Y	液压
4	改型代号	按序用小写汉语拼音字母表示，置于类、组、型代号的右下方		
5	主要参数	用阿拉伯数字表示		
6	控制方式	用大写汉语拼音字母表示	SS	手柄开关控制、手动门
			SZ	手柄开关控制、自动门
			AS	按钮控制、手动门
			AZ	按钮控制、自动门
			XH	信号控制
			JX	集选控制
			BL	并联控制
			QK	梯群控制

注：控制方式采用微机时，以大写汉语拼音字母 W 表示，排在其他代号后面。

型号示例：

（1） TKJ 1000/2.0－JX

表示：集选控制交流调速乘客电梯，额定载重量为 1000kg，额定速度为 2m/s。

（2） THY 1200/0.63－AZ

表示：按钮控制，自动门液压货梯，额定载重量为 1200kg，额定速度为 0.63m/s。

（3） TKZ 2000/1.0－JX

表示：集选控制直流乘客电梯，额定载重量为 2000kg，额定速度为 1m/s。

近年来，国外电梯大量进入中国，各国对电梯型号均有不同的表示方法。其中，有的国家的电梯技术已为我国引进，仍沿用被引进国或公司的型号，与我国 1986 年发布的上述编制方法不同。

五、工具、材料的准备

为了完成工作任务，每个小组需要准备如表 1－10 所述的工具及材料。

表 1－10　电梯的起源、现状与发展学习任务所需工具及材料表

序号	工具名称	型号规格	数量	单位	备注
1	电脑		1	台	
2	彩纸	8K（各色）	2	张	
3	笔记本		1	本	
4	水彩笔		1	盒	
5	铅笔		1	支	
6	签字笔		1	支	

【任务实施】

（一）资讯

为了更好地完成工作任务，请回答以下问题。

（1）电梯的控制方式可分为______、______、______、______、______、______、______和______等几大类。

（2）集选控制代号为______。

（3）THJ 2000/1.0－AZ 表示：______________________。

（4）TBJ 2000/1.0－QK 表示______________________。

（5）反绳轮的含义是______________________。

（二）学习活动

1．资料搜集

（1）电梯的基本结构；

（2）电梯的术语；

（3）电梯的基本参数。

2．小组讨论

每个小组通过搜集的资料进行讨论，验证资料的真实性、可靠性并完成表格 1－11。

表 1－11　电梯的起源、现状与发展讨论过程记录表

序号	讨论方向	讨论内容	讨论结果	备注
1	电梯的基本结构			

（续表 1－11）

序号	讨论方向	讨论内容	讨论结果	备注
2	电梯的术语			
3	电梯的基本参数			

（三）实训活动

1. 实训准备

（1）指导教师先到电梯所在场所“踩点”，了解周边环境，事先做好预案（参观路线、学生分组等）。

（2）对学生进行参观前的安全教育。

2. 参观活动

（1）组织学生到相关实训场所参观电梯，将观察结果记录于表 1－12 中（也可自行设计记录表）。

表 1－12　实训电梯参观记录

电梯类型	客梯；货梯；客货两用梯；观光梯；特殊用途电梯；自动扶梯；自动人行道
安装位置	
主要用途	载客；货运；观光；其他用途
楼层数	
载重量	
拖动方式	直流；交流；液压；齿轮齿条；螺旋式
运行速度	低速；快速；高速；超高速
控制方式	司机轿厢外操作；司机轿厢内操作；轿厢内按钮操作；轿厢外按钮操作
其他	

3. 参观总结

学生分组，每个人口述所参观的电梯类型、用途、基本功能等。

【任务评价】

1. 成果展示

各组派代表上台总结完成任务的过程中，学会了哪些知识，展示学习成果，并叙述成果的由来。

2. 学生自我评价及反思

____

____

3. 小组评价及反思

____

____

4. 教师评估与总结

____

____

5. 各小组对工作岗位的“6S”处理

在小组和教师都完成工作任务总结后，各小组必须对自己的工作岗位进行“整理、整顿、清扫、清洁、安全、素养”的处理，归还工量具及剩余材料。

6. 评价表（表1－13）

表1－13　电梯起源、现状与发展学习评价表（100分）

序号	内容	配分	评分标准	扣分	得分	备注
1	授课过程	10	1. 上课时无故迟到（扣1～4分）			
			2. 上课时交头接耳（扣1～2分）			
			3. 上课时玩手机、打瞌睡（扣1～4分）			
2	工具材料准备	10	1. 工具材料未按时准备（扣10分）			
			2. 工具材料未准备齐全（扣1～5分）			
3	资料搜集	10	1. 未参与搜集资料（扣10分）			
			2. 资料搜集不齐全（扣1～5分）			
4	小组讨论	20	1. 未参与小组讨论（扣15分）			
			2. 小组讨论不积极（扣1～5分）			
5	参观实训电梯	30	1. 不按要求到实训场所进行参观（扣30分）			
			2. 无电梯参观记录（扣20分）			
			3. 参观过程不认真或参观记录不详细（扣10分）			

（续表1－13）

序号	内容	配分	评分标准	扣分	得分	备注
6	职业规范和环境保护	20	1．在工作过程中工具和器材摆放凌乱（扣4～5分）			
			2．不爱护设备、工具，不节省材料（扣4～5分）			
			3．在工作完成后不清理现场，在工作中产生的废弃物不按规定处置，各扣5分（若将废弃物遗弃在课桌内的可扣20分）			
得分合计						
教师签名						

【知识技能扩展】

请根据参观的电梯制作出电梯四大空间上有哪些部件的表格。

项目二　电梯导向系统

本项目的主要目的是熟悉电梯导轨及导靴的分类，电梯导轨及导靴的安装与调试。操作者在实际安装导轨操作过程中，应始终牢记安全操作规范。本项目通过完成电梯导轨及导靴的分类、电梯导轨及导靴的安装与调试2个任务，要求操作者掌握电梯导轨及导靴的结构以及正确的安装方法，培养良好的团队合作精神。

【项目目标】

（1）认识电梯导轨、导轨架及导靴的分类；
（2）熟悉电梯导轨及导靴的安装与调试方法；
（3）培养作业人员良好的团队合作精神和职业素养。

【项目描述】

导向系统在电梯运行过程中，限制轿厢和对重的活动自由度，使轿厢和对重只沿着各自的导轨作升降运动，不会发生横向的摆动和振动，保证轿厢和对重运动平稳不偏摆。本项目根据职业学校电梯专业教学的基本要求，设计了2个工作任务，通过完成这2个工作任务使学习者认识电梯导向系统的基本结构以及导轨、导靴的安装方法，培养作业人员良好的团队合作精神和职业素养。

任务1　电梯导轨及导靴的分类

【工作任务】

电梯导轨、导轨架及导靴的分类。

【任务目标】

了解电梯的导轨、导轨架及导靴的分类。

【任务要求】

通过对任务的学习，各小组能够对电梯的导轨、导轨架及导靴有一个全面的认识；任务完成后各小组对本任务谈谈自己的想法，并作一总结。

【能力目标】

小组发挥团队合作精神搜集电梯导向系统的相关资料、图片并展示。

【任务准备】

一、电梯的导轨

1．导轨的作用

（1）导轨是轿厢和对重在竖直方向运动时的导向，限制轿厢和对重的活动自由度。轿厢运动导向和对重运动导向使用各自的导轨，通常轿厢用导轨要稍大于对重用导轨。

（2）当安全钳动作时，导轨作为固定在井道内被夹持的支承件，承受着轿厢或对重产生的强烈制动力，使轿厢或对重可靠制停。

（3）防止由于轿厢的偏载而产生歪斜，保证轿厢运行平稳并减少振动。

2．导轨的分类和规格

导轨由钢轨和连接板构成，它分为轿厢导轨和对重导轨。从截面形状分为T形、L形和空心三种形式。

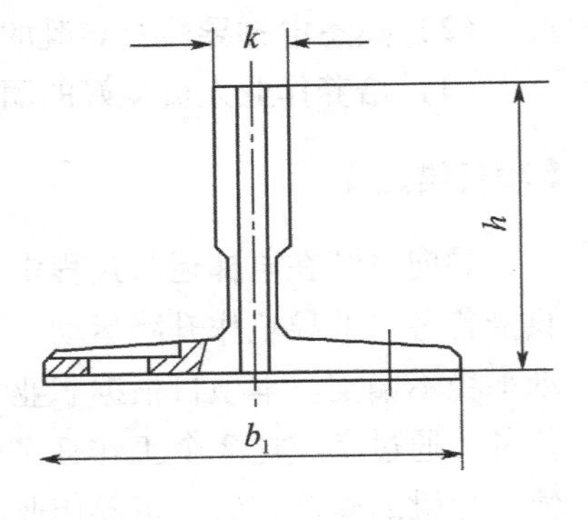

图2－1　T形导轨参数

导轨在起导向作用的同时，要承受轿厢的偏重力，电梯制动时的冲击力，安全钳紧急制动时的冲击力等。这些力的大小与电梯的载质量和速度有关，因此必须根据电梯的载质量和速度来选用导轨。

T形导轨的主要规格参数是底宽 b_1，高度 h 和工作面厚度 k，如图2－1所示。

L形导轨的强度、刚度以及表面精度较低，且表面粗糙，因此只能用于杂物电梯和各类不载人电梯的对重导轨。

空心导轨用薄钢板滚扎而成，精度较L形高，有一定的刚度，多用于对重无安全钳的低、快速电梯对重导轨。空心导轨的截面形状如图2－2所示。

目前，电梯广泛使用的是已经标准化的T形导轨，外形如图2－3所示。这是与国际标准统一的导轨。

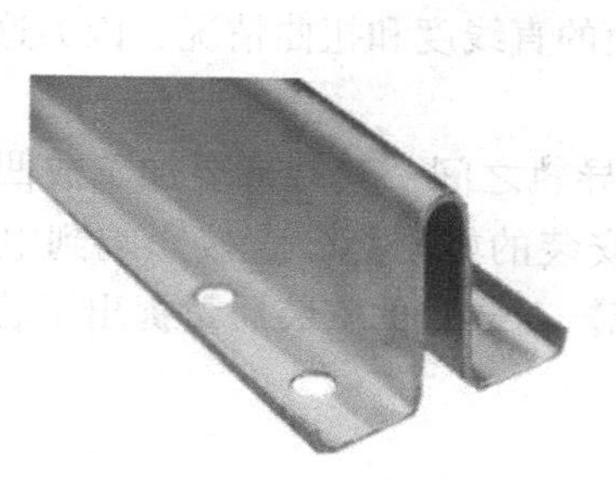

图 2－2　空心导轨

图 2－3　T 形导轨

同一部电梯，经常使用两种规格的导轨。通常轿厢导轨在规格尺寸上大于对重使用的导轨，故又称轿厢导轨为主导轨，对重导轨为副导轨。标准 T 形导轨规格主参数见表 2－1 所示。

表 2－1　标准 T 形导轨规格

型号	b_1	h	k
T45/A	45	45	5
T50/A	50	50	5
T70－1/A	70	65	9
T70－2/A	70	70	8
T75－1/A(B)	75	55	9
T75－2/A(B)	75	62	10
T82/A(B)	82.5	63.25	9
T89/A(B)	89	62	15.88
T90/A(B)	90	75	16
T125/A(B)	125	82	16
T127－1/A(B)	127	88.9	15.88
T127－2/A(B)	127	88.9	15.88

导轨工作面粗糙度对 2m/s 以上额定梯速的电梯运行平稳性有很大影响。导向面和顶面粗糙度要求 $3.2\mu m \leqslant R_a \leqslant 6.3\mu m$。导轨加工的纹向直接影响其工作面的粗糙度。所以在加工导轨工作面时，通常是沿着导轨的纵向刨削加工，而不采用铣削加工，且刨削后还要磨。对于采用冷拉加工的导轨面，其粗糙度要求略低于刨削加工，对于工作面粗糙度不作要求的导轨，只能用于杂物梯和低速梯的对重导轨。

在国家建设部标准 JG/T 5072—1996《电梯导轨》中，对导轨几何形状误差都做了规定，该误差主要指导轨工作面的直线度和扭曲情况，因为这两项指标直接影响电梯的正常运行。

每根 T 形导轨长 3 ～ 5m，导轨与导轨之间，其端部要加工成凹凸插榫互相连接，并在底部用连接板固定。导轨安装的好与坏，直接影响到电梯的运行质量，GB10060 －93《电梯安装验收规范》对导轨的安装质量提出了若干规定，其中要求如图 2 －4 所示。

a. 导轨凹凸榫头

b. 导轨压导板（压码）

c. 导轨连接板

图 2 －4　导轨的连接

（1）每根导轨至少应有两个导轨支架，其间距不大于 2. 5m，特殊情况，应有措施保证导轨安装满足 GB －7588 规定的弯曲强度要求。导轨支架水平度不大于 1. 5%，导轨支架的地脚螺栓或支架直接埋入深度不应小于 120 mm。如果用焊接支架其焊缝应是连续的，并应双面焊牢。

（2）当电梯冲顶时，导靴不应越出导轨。

（3）每列导轨工作面（包括侧面与顶面）对安装基准线每 5 m 的偏差均应不大于下列数值：轿厢导轨设有安全钳的对重导轨为 0. 6mm；不设安全钳的 T 形对重导轨为 1. 0mm。

（4）在有安装基准线时，每列导轨应相对基准线整列检测，取最大偏差值。电梯安装完成后检验导轨时，可对每 5m 铅垂线分段连续检测（至少测 3 次），取测量值的相对最大偏差应不大于上述规定值的 2 倍。

（5）轿厢导轨和设有安全钳的对重导轨工作面接头处不应有连续缝隙，且局部缝隙不大于 0. 5 mm。导轨接头处台阶用直线度为 0. 01/300 的平直尺或其他工具测量，应不大于 0. 5 mm，如超过应修平，修光长度为 150mm 以上，不设安全钳的对重导轨接头处缝隙不得大于 1mm，导轨工作面接头处台阶应不大于 0. 15mm，如超差亦应校正。

（6）两列导轨顶面间的距离偏差：轿厢导轨为 0 ～ 2mm，对重导轨为 0 ～ 3mm。

（7）导轨应用压板固定在导轨架上，不应采用焊接或螺栓直接连接。

（8）轿厢导轨与设有安全钳的对重导轨的下端应支撑在地面坚固的导轨

座上。

二、导靴

导靴装在轿厢架和对重装置上，其靴衬在导轨上滑动，使轿厢和对重沿导轨运行。其结构如图 2 –5 所示。

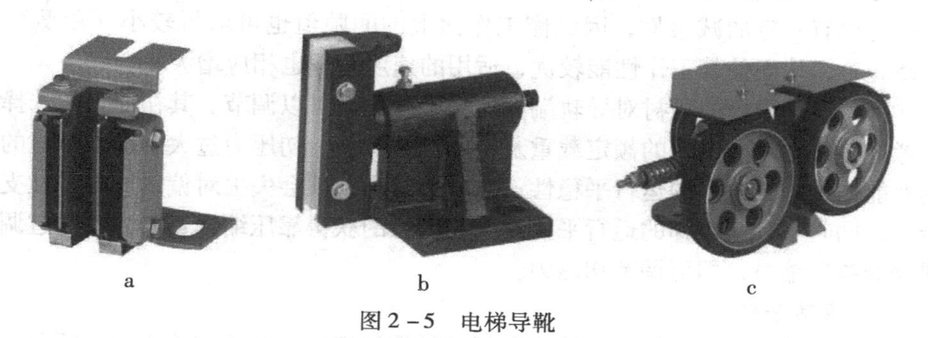

a　　b　　c

图 2 –5　电梯导靴

轿厢导靴安装在轿厢架上梁和轿厢底部安全钳座下面。常用的导靴有固定滑动导靴、弹性滑动导靴和滚轮导靴三种。

1. 固定滑动导靴

固定滑动导靴主要由靴衬和靴座组成。靴衬常用尼龙注塑成形，因为这种材料耐磨性和减振性较好；靴座由铸铁或钢板焊接成形。固定滑动导靴结构简单，常用在杂物电梯或载货电梯中。对重架用专用的固定滑动导靴、靴座用角钢制造，如图 2 –5a 所示。

固定滑动导靴的靴衬两侧与导轨做活动配合。由于固定滑动导靴的靴头是固定的，因此靴衬底部与导轨端面间要留有均匀的间隙，与导轨端面间的间隙应均匀，以容纳导轨间距的偏差，要求间隙不应大于 1mm。这种导靴由于是刚性的，在运行时会产生较大的振动和冲击，因此在使用范围上受到了限制，一般仅用于梯速在 0. 75m/s 以下的电梯及对重架上。

2. 弹性滑动导靴

弹性滑动导靴由靴座、靴头、靴衬、靴轴、压缩弹簧或橡胶弹簧、调节套或调节螺母组成，如图 2 –5b 所示。

弹簧式弹性滑动导靴的靴头只能在弹簧的压缩方向上做轴向浮动，因此又称单向弹性导靴。橡胶弹簧式滑动导靴的靴头除了能做轴向浮动外，在其他方向上也能做适量的位置调整。弹性滑动导靴与固定滑动导靴的不同之处就在于靴头是浮动的，在弹簧力的作用下靴衬的底部始终压贴在导轨端面上，因此能使轿厢保持较稳定的水平位置，同时在运行中具有吸收振动与冲击的作用，运行中需用油加以润滑。

对于单向浮动性的弹簧式滑动导靴，由于在导轨侧工作面方向没有浮动性，因此只能对垂直于导轨端面的力起缓冲作用；为了补偿导轨侧工作面的直线性偏差及接头处的不平顺性，侧工作面上的间隙值可取0.5mm以上，这就使它对导轨侧工作面方向上的振动与冲击没有减缓作用。这种导靴的速度适应限额一般为2m/s。

橡胶弹簧式弹性滑动导靴靴头具有一定的方向性，因此对导轨侧工作面方向上的力也有一定的减缓性，因此侧工作面上的间隙值也可取得较小（单侧可取0.25mm），从而使其工作性能较优，适用的速度范围也相应增大。

弹性滑动导靴的靴衬对导轨端面的初始压紧力可以调节。其初压力的选择主要考虑偏重力，与电梯的额定载重及轿厢尺寸有关。初压力过大会削弱导靴的减震性能，不利于电梯的运行平稳性；初压力过小，则会失去对偏重力的弹性支撑能力，同时不利于电梯的运行平衡性。初压力的获得靠压缩弹簧，因此通过调节弹簧的被压缩量，即可调节初压力。

3. 滚动导靴

滚动导靴由滚轮、摇臂、靴座和压缩弹簧等组成，结构如图2－5c所示。

滚动导靴的三只滚轮在弹簧力的作用下，压在导轨的正面和两个侧面上，电梯运行时滚轮在导轨面上滚动，滚轮工作面采用硬质橡胶制成。滚动导靴减少了摩擦损耗，节省动力，也减少了振动和噪声，同时在导轨的三个工作面上都实现了弹性支撑，因此滚动导靴广泛应用在高速和超高速电梯上。

滚动导靴三个滚轮的接触压力可通过弹簧机构加以调节，但必须注意滚轮与导轨应始终保持在同一垂直平面上，并在整个轮缘宽度上与导轨工作面均匀接触。导靴的规格随导轨而定，大导轨不能用小导靴，否则有脱落出轨的危险。为了保证滚轮作纯滚动，在使用时导靴工作面上不允许加润滑油，但滚动导靴轴承每季加油一次，每年拆洗换油。

三、导轨架

导轨架的作用是支撑导轨，一般在井道中每隔2～2.5m装设一个导轨架。

1. 导轨架的种类

导轨架分轿厢导轨架和对重导轨架两种。轿厢导轨架专门用来支撑轿厢导轨；对重导轨架在对重侧置时又作轿厢导轨架用。导轨架按其结构分为整体式和组合式两种，组合式导轨支架如图2－6所示。

图2－6　组合式导轨支架

整体式导轨架通常用扁钢制成；组合式导轨架用角钢制成，其支撑与撑臂用螺栓连接，优点是可以调节高度，使用比较方便。

2. 导轨架的安装方法

常见的安装方法主要有埋入地脚螺栓法、导轨架埋入法、预埋钢板法和对穿螺栓法。

四、工具、材料的准备

为了完成工作任务，每个小组需要准备如表2－2所述的工具及材料。

表2－2　电梯导轨及导靴的分类所需工具及材料表

序号	工具名称	型号规格	数量	单位	备注
1	电脑		1	台	
2	彩纸	8K（各色）	2	张	
3	笔记本		1	本	
4	水彩笔		1	盒	
5	铅笔		1	支	
6	签字笔		1	支	

【任务实施】

（一）资讯

为了更好地完成工作任务，请回答以下问题。

（1）导轨由钢轨和连接板构成，它分为轿厢导轨和对重导轨。从截面形状分为________、________和________三种形式。

（2）每根T形导轨长__________，导轨与导轨之间，其端部要加工成凹凸插榫互相连接，并在底部用连接板固定。

（3）轿厢导靴安装在轿厢架上梁和轿厢底部安全钳座下面。常用的导靴有__________、__________、__________三种。

（4）常见的导轨架安装方法主要有________________、______________、____________、____________。

（二）学习活动

1. 资料搜集

（1）电梯的导轨

①导轨的作用；

②导轨的分类和规格。

(2) 电梯的导靴

①导靴的作用;

②导靴的分类。

(3) 电梯的导轨架

①导轨架的作用;

②导轨架的分类。

2. 小组讨论

每个小组通过搜集的资料进行讨论，验证资料的真实性、可靠性并完成表格2-3。

表2-3 电梯的导轨及导靴的分类讨论过程记录表

序号	讨论方向	讨论内容	讨论结果	备注
1	电梯的导轨	导轨的作用		
		导轨的分类和规格		
2	电梯的导靴	导靴的作用		
		导靴的分类		
3	电梯的导轨架	导轨架的作用		
		导轨架的分类		

(三) 实训活动

1. 实训准备

(1) 指导教师先到电梯所在场所“踩点”，了解周边环境，事先做好预案(参观路线、学生分组等)。

(2) 对学生进行参观前的安全教育。

2. 参观活动

(1) 组织学生到相关实训场所参观电梯，将观察结果记录于表2-4中(也可自行设计记录表)。

表2-4 实训电梯参观记录

电梯类型	客梯; 货梯; 客货两用梯; 观光梯; 特殊用途电梯; 自动扶梯; 自动人行道
安装位置	
主要用途	载客; 货运; 观光; 其他用途

（续表 2－4）

楼层数	
载重量	
主导轨形式	空心导轨；T 型导轨
辅导轨形式	空心导轨；T 型导轨
导轨长度	主轨________；辅轨________
导轨型号	主轨________；辅轨________

3．参观总结

学生分组，每个人口述所参观的电梯导轨类型、导轨参数等。

【任务评价】

1．成果展示

各组派代表上台总结完成任务的过程中，学会了哪些知识，展示学习成果，并叙述成果的由来。

2．学生自我评价及反思

____

____

3．小组评价及反思

____

____

4．教师评估与总结

____

____

5．各小组对工作岗位的“6S”处理

在小组和教师都完成工作任务总结后，各小组必须对自己的工作岗位进行“整理、整顿、清扫、清洁、安全、素养”的处理；归还工量具及剩余材料。

6．评价表（表 2－6）

表 2－6　电梯导轨及导靴的分类学习评价表（100 分）

序号	内容	配分	评分标准	扣分	得分	备注
1	授课过程	10	1．授课时无故迟到（扣 1 ～ 4 分）			
			2．授课时交头接耳（扣 1 ～ 2 分）			
			3．授课时玩手机、打瞌睡（扣 1 ～ 4 分）			

（续表 2-6）

序号	内容	配分	评分标准	扣分	得分	备注
2	工具材料准备	10	1. 工具材料未按时准备（扣7分）			
			2. 工具材料未准备齐全（扣1～3分）			
3	资料搜集	20	1. 未参与搜集资料（扣15分）			
			2. 资料搜集不齐全（扣1～5分）			
4	小组讨论	20	1. 未参与小组讨论（扣15分）			
			2. 小组讨论不积极（扣1～5分）			
5	参观活动	20	1. 未参与参观活动（扣15分）			
			2. 参观活动过程记录不清晰（扣1～5分）			
			3. 参观活动过程中不听从指导老师指挥（扣20分）			
6	职业规范和环境保护	20	1. 在工作过程中工具和器材摆放凌乱，扣4～5分			
			2. 不爱护设备、工具，不节省材料（扣4～5分）			
			3. 在工作完成后不清理现场，在工作中产生的废弃物不按规定处置，各扣5分（若将废弃物遗弃在课桌内的可扣20分）			
得分合计						
教师签名						

【知识技能扩展】

请根据参观的电梯制作出电梯四大空间上有哪些部件的表格。

任务2　电梯导轨的安装与调整

【工作任务】

电梯导轨、导靴的安装与调整。

【任务目标】

了解电梯的导轨及导靴的安装方法。

【任务要求】

通过对任务的学习，各小组能够对电梯的导轨及导靴安装与调整方法有一个全面的认识；任务完成后各小组对本任务谈谈自己的想法，并作一总结。

【能力目标】

小组发挥团队合作精神，互相配合，完成电梯导轨及导靴的安装实操。

【任务准备】

一、电梯导轨的安装技术要求

1．导轨的连接

架设在井道内的导轨从下而上贯穿整个井道高度，由于每根导轨一般为 3 ～ 5 m 长，因此必须进行连接安装。安装时两根导轨的端部要加工成凹凸形的榫头与榫槽楔合定位，底部用连接板固定。图 2 – 7 所示为两根导轨端部连接结构图。

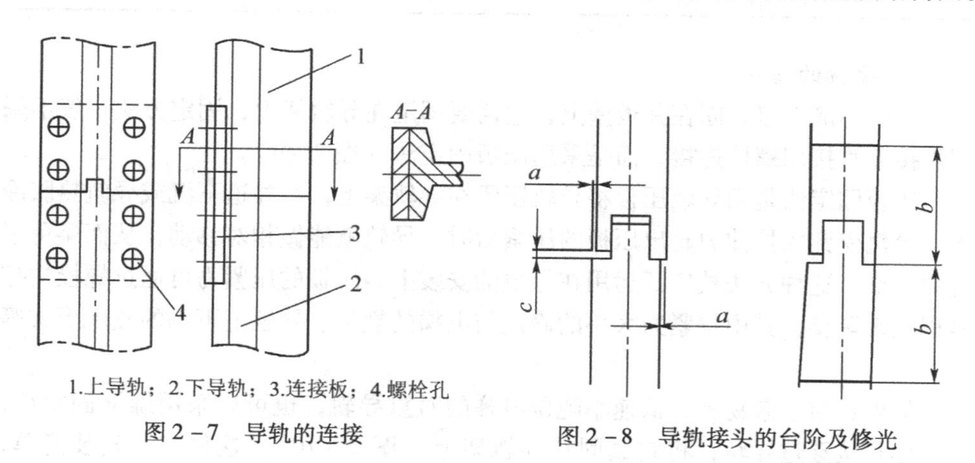

1.上导轨；2.下导轨；3.连接板；4.螺栓孔

图 2 – 7　导轨的连接

图 2 – 8　导轨接头的台阶及修光

榫头与榫槽具有很高的加工精度，起到连接定位作用；接头处的强度由连接板和连接螺栓来保证。

（1）接头处的定位质量。为使榫头与榫槽的定位准确，应使榫头完全楔入榫槽，在连接后，接头处不应存在连续缝隙（但允许存在不大于 0. 5 mm 的局部缝隙）。由于榫头和榫槽在加工时，很难做到完全位于导轨横截面的中心线上，在对接时常会出现台阶。台阶 a 的大小即为导轨接头的定位质量，其好坏直接影响电梯的运行平稳性，因此必须加以严格控制。为了使接头处平顺光滑，按表 2－7 的长度要求进行修光。

表 2－7　导轨接头处修光长度

电梯类型	高速梯	快、低速梯
修光长度 b/mm	500	200

（2）接头处的强度和刚度。导轨接头处的强度和刚度应足以承受电梯的偏重力及安全钳动作的冲击力，其强度与连接板的厚度、连接螺栓的直径与数目、连接板与导轨螺栓孔径等有关。连接螺栓的数目一般每边不少于 4 个，连接板的厚度及螺栓直径因导轨的规格而异（表 2－8）。

表 2－8　标准导轨连接板厚度、螺栓直径

导轨规格	连接板厚度	螺栓直径	螺栓孔直径
T45－50A	8	8	9
T70－80/A(B)	8.5	12	13
T89－90/A(B)	13	12	13
T125－127/A(B)	17	16	17

2. 导轨的固定

导轨不能直接紧固在井道壁上，它需要固定在导轨架上，固定方法一般不采用焊接或直接用螺栓连接，而是采用压板固定法（图 2－9）。

压板固定法是用导轨压板将导轨压紧在导轨架上，当井道下沉或导轨热胀冷缩，导轨受到的拉伸力超出压板的压紧力时，导轨就能做相对移动，从而避免了弯曲变形。这种方法被广泛运用在导轨的安装上。压板的压紧力可通过螺栓的拧紧程度来调整，其中拧紧力大小的确定与电梯的规格、导轨上下端的支承形式等有关。

另外，对于杂物梯、低速小吨位电梯的对重导轨，也可以采用螺栓固定法，把螺栓直接穿过导轨，将它紧固在导轨架上（图 2－10）。这种方法安装简单，但导轨不能移动，如果当井道下沉或导轨热胀冷缩时，会造成弯曲，因此只有在一些不重要的地方才可使用。

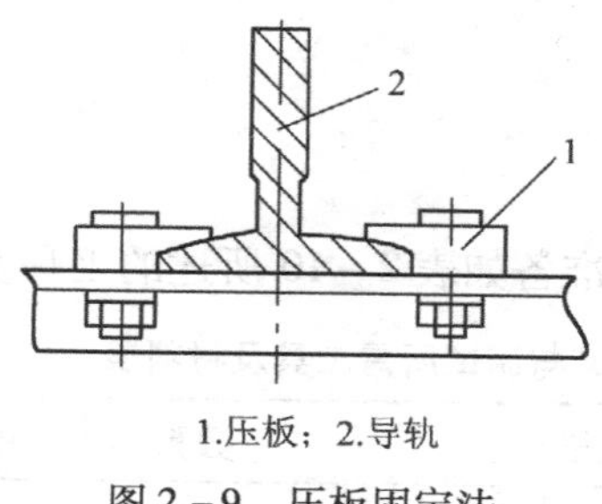

1.压板；2.导轨

图2－9　压板固定法

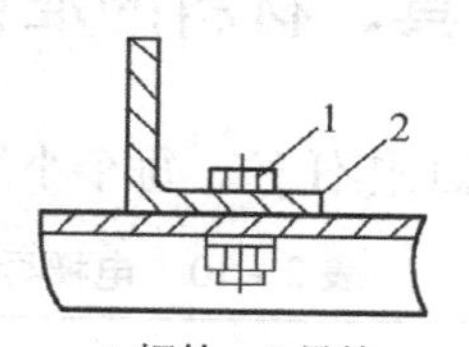

1.螺栓；2.导轨

图2－10　螺栓固定法

3．导轨安装后的位置精度

位置精度包括导轨工作面与铅垂线的相对位置以及两条导轨之间的相对位置。

1）导轨工作面与铅垂线的相对位置：导轨在安装后，其工作侧面应平行于铅垂线，如偏差太大，就会使运行阻力增大，导轨受力增大。要求其偏差在每5m长度中，不应超过0. 7mm 。

2）两条导轨之间的相对位置：其内容包括在整个安装高度上，侧工作面之间的偏差和端工作面之间的偏差。

（1）侧工作面之间的偏差：每根导轨侧工作面对安装基准的偏差，每5m不应超过0. 7mm，相互偏差在整个导轨高度上不应超过1mm。

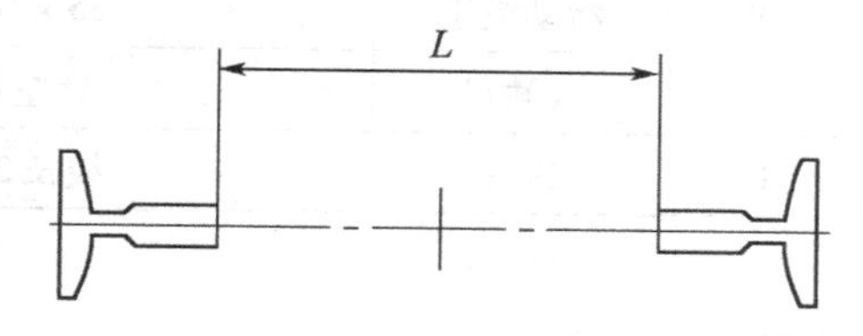

图2－11　导轨端工作面间距

（2）端工作面间的距离偏差：在安装后，两条导轨端工作面间的距离，在整个导轨安装高度上应一致，以保证电梯在运行中，导靴不会卡住，也不会脱出（图2－11）。目前要求其偏差值不应大于表2－9的要求。

图2－9　导轨端工作面间距

电梯类型	高速电梯		快、低速电梯	
导轨用途	轿厢	对重	轿厢	对重
最大偏差 L/mm	±0. 5	±1	±1	±2

3）导轨对井道上下相对位置：两根轿厢导轨接头不应在同一水平面上，且两根轿厢导轨下端距底坑地平面应有60～80mm的悬空；导轨的上端离井道顶面应有30～50mm距离。

二、工具、材料的准备

为了完成工作任务，每个小组需要准备如表2－10所述的工具及材料。

表2－10 电梯导轨的安装与调试所需工具及材料表

序号	工具名称	型号规格	数量	单位	备注
1	电脑		1	台	
2	彩纸	8K（各色）	2	张	
3	笔记本		1	本	
4	水彩笔		1	盒	
5	铅笔		1	支	
6	签字笔		1	支	
7	呆扳手	17、19	各1	把	
8	梅花扳手	17、19	各1	把	
9	活动扳手	35×100	1	把	
10	校轨尺	分左右	各1	把	
11	线锤	线长3m	3	个	

【任务实施】

（一）资讯

为了更好地完成工作任务，请回答以下问题。

（1）安装导轨时两根导轨的端部要加工成凹凸形的____________，底部用____________固定。

（2）导轨不能直接紧固在井道壁上，它需要固定在导轨架上，固定方法一般不采用焊接或直接用螺栓连接，而是采用______________。

（3）每根导轨侧工作面对安装基准的偏差，每5m不应超过_____________，相互偏差在整个导轨高度上不应超过______________。

（二）学习活动

1．资料搜集

（1）电梯导轨的安装技术要求

①导轨的连接方法；

②导轨的固定方法；

③导轨安装后的位置精度。

2. 小组讨论

每个小组通过搜集的资料进行讨论，验证资料的真实性、可靠性并完成表格 2－11。

表 2－11　电梯导轨的安装与调试讨论过程记录表

序号	讨论方向	讨论内容	讨论结果	备注
1	电梯导轨的安装技术要求	导轨的连接		
		导轨的固定方法		
		导轨安装后的位置精度		

（三）拆装实训电梯导轨设备

1. 实训准备

（1）在指导教师指导下对实训电梯导轨设备进行拆装。

（2）对学生进行实训前的安全教育。

2. 实训活动

组织学生到相关实训场所进行实训，将实训过程记录于表 2－12 中（也可自行设计记录表）。

表 2－12　实训电梯导轨设备拆装记录

序号	拆装部件名称（按拆装顺序）	备注
1		
2		
3		
4		
5		
6		
7		
8		
9		

3. 实训总结

学生分组，每个人口述拆装实训电梯导轨中注意事项及操作步骤。

【任务评价】

1. 成果展示

各组派代表上台总结完成任务的过程中学会了哪些知识，展示学习成果，并叙述成果的由来。

2. 学生自我评价及反思

____

____

3. 小组评价及反思

____

____

4. 教师评估与总结

____

____

5. 各小组对工作岗位的“6S”处理

在小组和教师都完成工作任务总结后，各小组必须对自己的工作岗位进行“整理、整顿、清扫、清洁、安全、素养”的处理；归还工量具及剩余材料。

6. 评价表（表2-13）

表2-13　电梯导轨的安装与调试学习评价表（100分）

序号	内容	配分	评分标准	扣分	得分	备注
1	授课过程	10	1. 授课时无故迟到（扣1～8分）			
			2. 授课时交头接耳（扣1～4分）			
			3. 授课时玩手机、打瞌睡（扣1～8分）			
2	工具材料准备	20	1. 工具材料未按时准备（扣15分）			
			2. 工具材料未准备齐全（扣1～5分）			
3	资料搜集	20	1. 未参与搜集资料（扣15分）			
			2. 资料搜集不齐全（扣1～5分）			
4	小组讨论	20	1. 未参与小组讨论（扣15分）			
			2. 小组讨论不积极（扣1～5分）			
5	实训活动	20	1. 未参与实训活动（扣15分）			
			2. 实训活动不积极或记录不清晰（扣1～5分）			
			3. 实训过程中肆意破坏实训设备或工具（扣20分）			

（续表 2－13）

序号	内容	配分	评分标准	扣分	得分	备注
6	职业规范和环境保护	10	1. 在工作过程中工具和器材摆放凌乱（扣 1 ～ 5 分）			
			2. 不爱护设备、工具，不节省材料（扣 1 ～ 5 分）			
			3. 在工作完成后不清理现场，在工作中产生的废弃物不按规定处置，各扣 5 分（若将废弃物遗弃在课桌内的可扣 10 分）			
得分合计						
教师签名						

【知识技能扩展】

请思考高层电梯导轨如何安装？

项目三　电梯安全保护系统

本项目的主要目的是熟悉电梯安全保护系统中限速器与安全钳联动原理。在学习过程中了解限速器和安全钳保护装置的组成和作用；掌握理解限速器、安全钳联动动作过程；了解限速器装置的种类；掌握理解限速器的张紧装置；熟知限速器的安全技术要求；掌握限速器的维护方法；熟知安全钳的种类和特点。要求学生在完成上述知识任务学习后，掌握电梯限速器与安全钳联动原理及基本结构。培养良好的团队合作精神，为进一步学习电梯结构与原理打下良好的基础。

【项目目标】

（1）了解限速器和安全钳保护装置的组成和作用；

（2）掌握限速器、安全钳联动动作过程；

（3）了解限速器装置的种类；

（4）了解限速器的张紧装置；

（5）熟知限速器的安全技术要求；

（6）掌握限速器的维护方法；

（7）熟知安全钳的种类和特点；

（8）掌握缓冲器的维护方法；

（9）培养作业人员良好的团队合作精神和职业素养。

【项目描述】

电梯是高层建筑物不可缺少的运输工具，长时期频繁地载人或货物，由于其工作环境的特殊性，必须要有足够的安全性。为了确保电梯在运行中的安全，电梯在设计时已设置了多种机械安全装置和电气安全装置，这些装置共同组成了电梯的安全保护系统。在电梯的安全保护系统中，提供最后的综合安全保障的装置是限速器、安全钳和缓冲器。限速器和安全钳是不可分割的装置，它们共同担负电梯失控和超速时的保护任务。

本项目根据职业学校电梯专业教学的基本要求，设计了 4 个工作任务，通过完成这 4 个工作任务使学生能了解限速器的种类、掌握限速器的安全技术要求及维护方法；了解安全钳的种类、掌握安全钳的安全技术要求及维护方法；掌握电梯限速器与安全钳联动原理；了解缓冲器的种类、掌握缓冲器的维护方法；并能树立牢固的安全意识与规范操作的良好习惯。

任务1　电梯限速器的构成及分类

【工作任务】

限速器的种类、限速器安全技术要求、限速器的维护方法。

【任务目标】

了解限速器的种类，熟知限速器安全技术要求，掌握限速器的维护方法。

【任务要求】

通过对任务的学习，各小组能够认识限速器的组成、种类、基本结构，熟知限速器的安全技术要求，掌握限速器的维护方法；并能树立牢固的安全意识与规范操作的良好习惯。

【能力目标】

小组发挥团队合作精神，掌握限速器的维护方法。

【任务准备】

在电梯的安全保护系统中，提供最后的综合安全保障的装置是限速器、安全钳和缓冲器。当电梯在运行中无论何种原因使轿厢发生超速，甚至有发生坠落时，所有其它安全保护装置均不能起作用的情况下，则靠限速器、安全钳（轿厢在运动中起作用）和缓冲器（轿厢到达井底终端位置起作用）的作用，也能够使轿厢停住而不使人或设备受到伤害。

一、限速器的作用和种类

1．限速器的作用

限速器的作用是检测轿厢运行速度，在电梯超速并在超速达到临界值时发出动作信号。

2．限速器的种类

常见的种类有：

（1）凸轮式限速器。又分为下摆杆凸轮棘爪式和上摆杆凸轮棘爪式。

（2）甩块式限速器。又分为刚性夹持式限速器和弹性夹持式限速器，其中刚性夹持式限速器适用于1m/s以下的电梯。弹性夹持式限速器动作可靠，适用于1m/s以上的快速电梯和高速电梯，是目前电梯采用最为普遍的一种限速器。如图3－1所示。

图3－1　甩块式双向限速器

（3）球形限速器。电梯额定速度不同，使用的限速器也不同。额定速度小于0.63m/s的电梯，采用刚性夹持式限速器，配用瞬时式安全钳。额定速度大于0.63m/s的电梯，采用弹性夹持式限速器，配用渐进式安全钳。

随着新型无机房电梯在电梯市场中的不断扩大，厂家设计和开发出了多种新型限速器，如NG28无机房电梯用限速器。其性能特点包括：采用摩擦式触发机构；可在360°圆周上任意点连续动作，动作快速可靠；可以井道外通过机械方式遥控限速器动作；反向拉轿厢可实现机械部分自动复位；在井道外可遥控操作使电气装置复位等。

二、限速器的张紧装置

限速器的张紧装置包括限速器绳、张紧轮、重锤和限速器断绳开关等。它安装在底坑内，限速器绳由轿厢带动运行，限速器绳将轿厢运行速度传递给限速器轮，限速器轮反映出电梯的实际运行速度。如图3－2所示。

限速器的张紧装置使限速器绳张紧，以保证限速器获得准确的转动速度。为防止限速器、安全钳联动失效，限速器设置了限速器断绳开关。当限速器绳发生断裂时，张紧装置的重锤下落，将限速器断绳开关断开，切断电梯的安全回路，电梯控制回路和主回路断电，电梯曳引机、制动器断电，电梯停止运行。

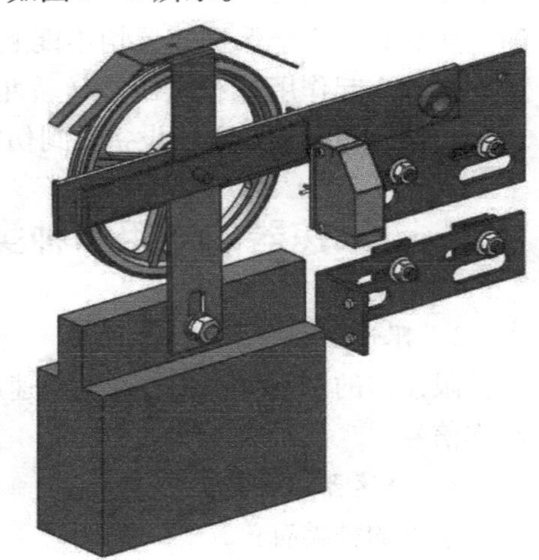

图3－2　限速器张紧装置

为了防止限速器绳过分伸长使张紧装置碰到地面而失效，张紧装置底部距底坑需要有合适的高度，一般低速电梯为400±50mm，快速电梯为550±50mm，高速电梯为750±50mm。当限速器动作，限速器绳被卡住，轿厢继续向下运行，把限速器绳向上拉，张紧装置支架被上提，触动张紧轮开关，张紧轮开关切断电梯控制电路，使电梯在安全钳未动作前即可断电，电梯停止运行。

三、限速器的安全技术要求

1. 限速器的动作速度

电梯额定速度不同，所配的限速器也不相同，对于限速器动作速度的要求也不相同，否则将起不到安全保护作用。因此，操作轿厢安全钳的限速器速度应不低于额定速度的115%（下限值），且应小于下列数值（上限值）：

（1）对于除了不可脱落滚柱式以外的瞬时式安全钳装置为0.8m/s。

（2）对于不可脱落滚柱式安全钳装置为1m/s。

（3）对于额定速度小于或等于1m/s的渐进式安全钳装置为1.5m/s。

（4）对于额定速度大于1m/s的渐进式安全钳装置为（1.25+0.25）m/s。

对于额定速度大于1m/s的电梯，建议选用接近上限值的动作速度；对于额定载质量大，额定速度低的电梯，应专门为此设计限速器，并建议选用接近下限值的动作速度。

同时规定对重限速器的动作速度应大于轿厢限速器的动作速度，但不应超过10%（当额定速度不超过0.75m/s时，可不设限速器）。

2. 限速器开关

对于额定速度大于1m/s的电梯，当轿厢下行的速度达到限速器动作速度之前，限速器或其它装置应借助超速开关（电气开关）使电梯安全回路断开，迫使电梯曳引机停电而停止运转。对于速度不大于1m/s的电梯，其超速开关最迟在限速器达到动作速度时起作用。如电梯在可变电压或连续调速的情况下运行，最迟当轿厢速度达到额定速度的115%时，此电气安全装置（超速开关）应动作。

3. 限速器夹绳力

限速器动作时的夹绳力应至少为带动安全钳起作用所需力的两倍，并不小于300N。

4. 限速器绳

限速器应由柔性良好的钢丝绳驱动。限速器绳的破断负荷与限速器动作时所产生的限速器绳的张紧力有关，其安全系数应不小于8。限速器绳的公称直径应不小于6mm。

限速器绳轮的节圆直径与绳的公称直径之比应不小于30。

四、限速器的维护方法

1. 经常性检查

（1）限速器动作的可靠性。如使用甩块式刚性夹持式限速器，要检查其动作的可靠性。注意，当夹绳钳（楔块）离开限速钢丝绳时，要仔细检查此钢丝绳有无损坏现象。

（2）限速器运转是否灵活可靠。限速器运转时声音应当轻微而又均匀，绳轮运转应没有时松时紧的现象。

一般检查方法是：先在机房耳听、眼看，若发现限速器有时误动作、打点或有其它异常声音，则说明该限速器有问题，应及时找出故障原因，进行检修或送制造厂修理、调整。

（3）限速器钢丝绳和绳套有无断丝、折曲、扭曲和压痕。其检查方法是：在司机开动电梯慢速在井道内运行的全程中，在机房中仔细观察限速器钢丝绳。当发现问题时，如属于还可以用的范围，必须作好记录，并用油漆作好记号，作为今后重点检查的位置。若钢丝绳和绳套必须更换时，应立即停梯更换，不可再用。

（4）限速器旋转部位的润滑情况是否良好。

（5）限速器上的绳轮有无裂纹、绳槽磨损量是否过大。

（6）限速器的张紧装置。到底坑检查张紧装置行程开关打板的固定螺栓有否松动或位移，应保证打板能碰动行程开关触头；还要检查有关零部件有否磨损、破裂等。

2. 做好维修保养

（1）限速器出厂时，均经过严格的检查和试验，维修时不准随意调整限速器弹簧压力，不准随意调整限速器的速度，否则会影响限速器的性能，危及电梯的安全保护系统。另外，对于限速器出厂时的铅封不要私自拆动，若发现问题且不能彻底解决，应送到厂家修理或更换。

（2）对限速器和限速器张紧装置的旋转部分，每周加一次油，每年清洗一次。

（3）在电梯运行过程中，一旦发生限速器、安全钳动作，将轿厢夹持在导轨上，此时，应经过有关部门鉴定、分析，找出故障原因，解决后才能检查或恢复限速器。

五、工具、材料的准备

为了完成工作任务，每个小组需要准备如表 3－1 所述的工具及材料。

表 3－1　电梯限速器的分类所需工具及材料表

序号	工具名称	型号规格	数量	单位	备注
1	限速器		1	个	
2	万用表		1	个	
3	一字螺丝刀		1	个	
4	笔记本		1	本	
5	签字笔		1	支	
6	呆扳手	12、14、17	各 1	个	

【任务实施】

（一）资讯

为了更好地完成工作任务，请回答以下问题。

（1）限速器的作用是＿＿＿＿＿＿，在电梯超速并在超速达到临界值时发出动作信号。

（2）限速器的常见种类有：＿＿＿＿＿、＿＿＿＿＿、＿＿＿＿＿＿。

（3）限速器的安全技术要求有＿＿＿、＿＿＿、＿＿＿、＿＿＿。

（二）学习活动

1. 资料搜集

（1）电梯的限速器

①限速器的作用；②限速器的分类。

（2）限速器的安全技术要求

①限速器的动作速度；②限速器开关。

2. 小组讨论

每个小组通过搜集的资料进行讨论，验证资料的真实性、可靠性并完成表格 3－2。

表 3－2　限速器的分类讨论过程记录表

	讨论方向	讨论内容	讨论结果	备注
1	电梯的限速器	限速器的作用		
		限速器的分类		
2	电梯的限速器	限速器的安全技术要求		

（三）实训活动

（1）观察限速器，理解其结构。
（2）在教师的指导下，拆装电梯限速器。
（3）将观察结果与拆装的过程记录于表3－3中。

表3－3　电梯限速器拆装过程记录表

限速器的组成部件	1.
	2.
	3.
	4.
	5.
检测仪器	
拆装工具	
拆装步骤	1.
	2.
	3.
	4.
	5.
	6.

【任务评价】

1．成果展示

各组派代表上台总结完成任务的过程中，学会了哪些知识，展示学习成果，并叙述成果的由来。

2．学生自我评价及反思

3. 小组评价及反思

4. 教师评估与总结

5. 各小组对工作岗位的“6S”处理

在小组和教师都完成工作任务总结后，各小组必须对自己的工作岗位进行“整理、整顿、清扫、清洁、安全、素养”的处理；归还工量具及剩余材料。

6. 评价表（表3-4）

表3-4　电梯限速器的学习评价表（100分）

序号	内容	配分	评分标准	扣分	得分	备注
1	授课过程	10	1. 授课时无故迟到（扣1～4分）			
			2. 授课时交头接耳（扣1～2分）			
			3. 授课时玩手机、打瞌睡（扣1～4分）；			
2	工具材料准备	20	1. 工具材料未按时准备（扣15分）			
			2. 工具材料未准备齐全（扣1～5分）			
3	资料搜集	20	1. 未参与搜集资料（扣15分）			
			2. 资料搜集不齐全（扣1～5分）			
4	小组讨论	20	1. 未参与小组讨论（扣15分）			
			2. 小组讨论不积极（扣1～5分）			
5	实训活动	20	1. 未参与实训活动（扣15分）			
			2. 小组讨论不积极（扣1～5分）			
			3. 实训活动中肆意破坏实训设施或工具（扣20分）			
6	职业规范和环境保护	10	1. 在工作过程中工具和器材摆放凌乱（扣4～5分）			
			2. 不爱护设备、工具，不节省材料（扣4～5分）			
			3. 在工作完成后不清理现场，在工作中产生的废弃物不按规定处置，各扣5分（若将废弃物遗弃在课桌内的可扣10分）			
得分合计						
教师签名						

任务2　电梯安全钳的构成及分类

【工作任务】

安全钳的种类、安全钳安全技术要求、安全钳的维护方法。

【任务目标】

了解安全钳的种类，熟知安全钳安全技术要求，了解安全钳的维护方法。

【任务要求】

通过对任务的学习，各小组能够认识安全钳的组成、种类、基本结构；熟知安全钳的安全技术要求，了解安全钳的维护方法；并能树立牢固的安全意识与规范操作的良好习惯。

【能力目标】

小组发挥团队合作精神，熟悉安全钳的维护方法。

【任务准备】

在电梯的安全保护系统中，提供最后的综合安全保障的装置是限速器、安全钳和缓冲器。当电梯在运行中无论何种原因使轿厢发生超速，甚至有发生坠落时，所有其他安全保护装置均不能起作用的情况下，则靠限速器、安全钳（轿厢在运动中起作用）和缓冲器（轿厢到达井底终端位置起作用）的作用，也能够使轿厢停住而不使人或设备受到伤害。

一、安全钳的作用、种类和特点

安全钳的作用是在电梯发生坠落或冲顶时，安全钳钳块夹紧导轨使轿厢及时制动，减小事故所造成的损失。

安全钳按钳块的结构特点可分为单面偏心式、双面偏心式、单面滚柱式、双面滚柱式、单面楔块式和双面楔块式等。

其中双面楔块式在起作用（动作）的过程中对导轨损伤较小，而且制动后方便解脱，因此是应用最广泛的一种。不论是哪一种结构形式的安全钳，当安全钳动作后，只有将轿厢提起，方能使轿厢上的安全钳释放。

按安全钳的动作过程，常见的可分为瞬时式安全钳和渐进式安全钳。

1. 瞬时式安全钳及其动作、使用特点

瞬时式安全钳也叫作刚性或急停型安全钳。它的承载结构是刚性的，动作时产生很大的制停力，可使轿厢立即停止，如图 3-3 所示。

图 3-3　瞬时式安全钳

瞬时式安全钳使用的特点是，制停距离短，轿厢承受冲击大。在制停过程中楔块或其它形式的卡块将迅速地卡入导轨表面，从而使轿厢停止。为此，我国规定，瞬时式安全钳只能适用于额定速度不超过 0.63m/s 的电梯。通常与刚性甩块式限速器配套使用。

2. 渐进式安全钳及其动作、使用特点

渐进式安全钳也叫作弹性滑移型安全钳。它与瞬时式安全钳的区别在于安全钳钳座是弹性结构，楔块或滚柱表面都没有滚花。钳座与楔块之间增加了一排滚珠，以减小动作时的摩擦力，它能使制动力限制在一定范围内，并使轿厢在制停时产生一定的滑移距离，如图 3-4 所示。

图 3-4　渐进式安全钳

二、安全钳的安全技术要求

若电梯额定速度大于 0.63m/s，轿厢应采用渐进式安全钳装置。若电梯额定速度小于或等于0.63m/s，轿厢可采用瞬时式安全钳装置。若轿厢装有数套安全钳装置，则它们应全部是渐进式。若额定速度大于1m/s，对重安全钳装置应是渐进式，其他情况下，可以是瞬时式。渐进式安全钳制动时的平均减速度应在0.2～1g之间（$g=9.8m/s^2$）。

三、安全钳的维护方法

经常性或定期检查以下的项目。

（1）安全钳动作的可靠性。为保证安全钳、限速器工作时的可靠性，每半年应检查一次限速器、安全钳动作试验。其方法如下：

轿厢空载，从第二层开始，以检修速度下行；用手搬动限速器棘爪，使连接钢丝绳的杠杆提起，此时轿厢应停止下降，限速器开关应同时动作，切断控制回路的电源；松开安全钳楔块，使轿厢慢速向上行驶，此时导轨有被咬住的痕迹，应对称、均匀；试验后，应将导轨上的咬痕，用手砂轮、锉刀、油石、砂布等打磨光滑。

（2）检查安全钳的操纵机构和制停机构中所有构件是否完整无损和灵活可靠。

（3）安全钳座和钳块部分（即安全嘴）有无裂损及污物塞入（检查时，检修人员进入底坑，然后将轿厢行驶至底层端站附近）。

（4）轿厢外两侧的安全钳楔块应同时动作，且两边用力一致。

四、工具、材料的准备

为了完成工作任务，每个小组需要准备如表3－5所述的工具及材料。

表3－5　电梯安全钳的分类所需工具及材料表

序号	工具名称	型号规格	数量	单位	备注
1	安全钳		1	个	
2	扳手		1	个	
3	一字螺丝刀		1	个	
4	笔记本		1	本	
5	签字笔		1	支	

【任务实施】

（一）资讯

为了更好地完成工作任务，请回答以下问题。

（1）安全钳按钳块的结构特点可分为________、双面偏心式、________、双面滚柱式、__________和双面楔块式等。

（2）按安全钳的动作过程，常见的可分为______安全钳和________安全钳。

（3）若电梯额定速度大于0.63m/s，轿厢应采用________安全钳装置。若电梯额定速度小于或等于0.63m/s，轿厢可采用________安全钳装置。

（二）学习活动

1. 资料搜集

（1）电梯的安全钳

①安全钳的作用；②安全钳的分类。

（2）安全钳的安全技术要求

2. 小组讨论

每个小组通过搜集的资料进行讨论，验证资料的真实性、可靠性并完成表格3－6。

表3－6　电梯安全钳的讨论过程记录表

	讨论方向	讨论内容	讨论结果	备注
1	电梯的安全钳	安全钳的作用		
		安全钳的分类		
2	电梯的安全钳	安全钳的安全技术要求		

3. 测量与调整实训电梯层门设备

（1）实训准备

准备表3－7所述的工具及劳保用品。

表3－7　实训电梯层门设备的测量与调整所需工具及劳保用品

序号	工具名称	规格型号	数量
1	呆扳手	14、17、24	各2把
2	梅花扳手	14、17、24	各2把
3	十字螺丝刀	6×150mm	1
4	一字螺丝刀	6×150mm	1
5	纱手套		1

（2）测量与调试

在教师的指导下，按照表3－8的要求，分组测量实训电梯层门装置的数据，并由教师指导进行调试。测量结果记录于表3－8中。

表3－8　实训电梯安全钳装置的测量与调整

测量项目	测量项目（内容）	调整前测量数据	调整后测量数据
安全钳数据测量与调整	1.		
	2.		
	3.		
	4.		
	5.		
	6.		

【任务评价】

1. 成果展示

各组派代表上台总结完成任务的过程中，学会了哪些知识，展示学习成果，并叙述成果的由来。

2. 学生自我评价及反思

____

____

3. 小组评价及反思

____

____

4. 教师评估与总结

____

____

5. 各小组对工作岗位的“6S”处理

在小组和教师都完成工作任务总结后，各小组必须对自己的工作岗位进行“整理、整顿、清扫、清洁、安全、素养”的处理；归还工量具及剩余材料。

6. 评价表（表3－9）

表 3-9　电梯安全钳的学习评价表（100 分）

序号	内容	配分	评分标准	扣分	得分	备注
1	授课过程	10	1．授课时无故迟到（扣 1～4 分）			
			2．授课时交头接耳（扣 1～2 分）			
			3．授课时玩手机、打瞌睡（扣 1～4 分）			
2	工具材料准备	20	1．工具材料未按时准备（扣 15 分）			
			2．工具材料未准备齐全（扣 1～5 分）			
3	资料搜集	20	1．未参与搜集资料（扣 15 分）			
			2．资料搜集不齐全（扣 1～5 分）			
4	小组讨论	20	1．未参与小组讨论（扣 15 分）			
			2．小组讨论不积极（扣 1～5 分）			
5	实训活动	20	1．未参与实训活动（扣 15 分）			
			2．实训活动不积极或记录不清晰（扣 1～5 分）			
			3．实训过程中肆意破坏实训设备或工具（扣 20 分）			
6	职业规范和环境保护	10	1．在工作过程中工具和器材摆放凌乱（扣 4～5 分）			
			2．不爱护设备、工具，不节省材料（扣 4～5 分）			
			3．在工作完成后不清理现场，在工作中产生的废弃物不按规定处置，各扣 5 分（若将废弃物遗弃在课桌内的可扣 10 分）			
得分合计						
教师签名						

【知识技能扩展】

曳引电梯没有安全钳保护可以运行吗？

任务 3　电梯限速器与安全钳的联动

【工作任务】

了解限速器与安全钳的联动原理。

【任务目标】

掌握限速器、安全钳、张紧装置的作用，熟知限速器与安全钳联动原理。

【任务要求】

通过对任务的学习，各小组能够认识限速器、安全钳的作用及联动原理；并能树立牢固的安全意识与规范操作的良好习惯。

【能力目标】

小组发挥团队合作精神，掌握限速器与安全钳联动的原理。

【任务准备】

限速器与安全钳的联动直接影响着电梯的安全保护是否正常运作，其相互影响的零部件需要读者理解其作用。

一、限速器和安全钳保护装置的组成和作用

限速器和安全钳装置包括限速器、安全钳、限速器钢丝绳和张紧轮四部分，如图 3－5 所示。

限速器的作用是检测轿厢运行速度，在电梯超速并在超速达到临界值时发出动作信号。

（1）安全钳的作用。由限速器的作用而引起动作，迫使轿厢或对重装置停在导轨上，同时切断电梯控制回路的电源。安全钳是在限速器动作后强制使轿厢停住的执行机构。

（2）限速器钢丝绳的作用。当限速器发生机械动作时通过限速器钢丝绳拉动安全钳的联动机构。

（3）张紧装置的作用。在限速器钢丝绳的下端，安装有张紧装置，以保证限速器能够直接反映出轿厢的实际速度。

（4）断绳开关的作用。在张紧装置边上装有断绳开关，一旦限速器绳断裂或张紧装置失效，断绳开关动作，同样切断控制电路。该装置使轿厢运行速度正确无误地反映到限速器上，从而保证了电梯正常运行。

二、限速器、安全钳联动动作过程

当轿厢超速下降时，轿厢的速度立即反映到限速器上，使限速器的转速加快，当轿厢的运行速度超过电梯额定速度的 115%，达到限速器的电气设定速度

和机械设定速度后，限速器开始动作，分两步迫使电梯轿厢停下。第一步是限速器会立即通过限速器开关切断控制电路，使电动机和电磁制动器失电，曳引机停止转动，制动器牢牢卡住制动轮使电梯停止运行。如果第一步没有达到目的，电梯还超速下降，这时限速器进行第二步制动，即限速器立即卡住限速器钢丝绳，此时钢丝绳停止运动，而轿厢还是下降，这样钢丝绳就拉动安全拉杆提起安全钳楔块，楔块牢牢夹住导轨，强制轿厢停下。在安全钳动作之前或与之同时，安全钳开关动作，也能起到切断控制电路的作用（该开关必须采用人工复位后，电梯方能恢复正常运行）。一般情况下，限速器动作的第一步就能避免事故的发生。应尽量避免安全钳动作，因为安全钳动作后安全钳楔块将牢牢地卡在导轨上，会在导轨上留下伤痕，损伤导轨表面。所以一旦安全钳动作了，维修人员在恢复电梯正常后，需要修锉导轨表面，使表面保持光洁、平整，以避免安全钳误动作。

注意：安全钳动作后，必须经电梯专业人员调整后，才能恢复使用。

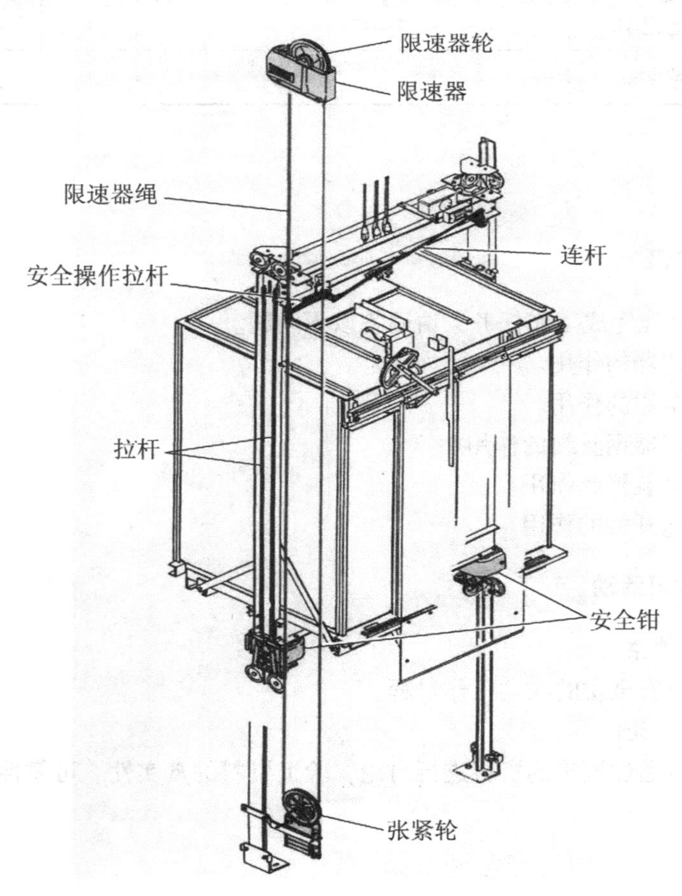

图 3－5　限速器和安全钳装置

三、工具、材料的准备

为了完成工作任务，每个小组需要准备如表 3－10 所述的工具及材料。

表 3－10　电梯限速器与安全钳联动所需工具及材料表

序号	工具名称	型号规格	数量	单位	备注
1	安全钳		1	个	
2	限速器		1	个	
3	扳手		2	个	
4	钢丝绳		1	条	
5	笔记本		1	本	
6	签字笔		1	支	

【任务实施】

（一）资讯

为了更好地完成工作任务，请回答以下问题。

（1）限速器的作用。

（2）安全钳的作用。

（3）限速器钢丝绳的作用。

（4）张紧装置的作用。

（5）断绳开关的作用。

（二）学习活动

1．资料搜集

限速器与安全钳的联动工作过程。

2．小组讨论

每个小组通过搜集的资料进行讨论，验证资料的真实性、可靠性并完成表格 3－11。

表 3－11　限速器、安全钳的联动讨论过程记录表

	讨论方向	讨论内容	讨论结果	备注
1	电梯的限速器	限速器的作用		
2	电梯的安全钳	安全钳的作用		
3	限速器的钢丝绳	钢丝绳的作用		
4	张紧装置	张紧装置的作用		
5	断绳开关	断绳开关的作用		
6	限速器与安全钳的联动	限速器与安全钳的联动工作过程		

（三）实训活动

1．实训准备

（1）指导教师先到电梯所在场所“踩点”。了解周边环境，事先做好预案（参观路线、学生分组等）。

（2）对学生进行参观前的安全教育。

2．参观活动

（1）组织学生到相关实训场所参观电梯，将观察结果记录于表 3－12 中（也可自行设计记录表）。

表 3－12　实训电梯参观记录

电梯类型	客梯；货梯；客货两用梯；观光梯；特殊用途电梯；自动扶梯；自动人行道
安装位置	
主要用途	载客；货运；观光；其他用途
安全钳类型	
限速器类型	
安全钳开关位置	
限速器参数	
其他	

3．参观总结

学生分组，每个人口述所参观的电梯安全钳限速器的联动过程等。

【任务评价】

1. 成果展示

各组派代表上台总结完成任务的过程中，学会了哪些知识，展示学习成果，并叙述成果的由来。

2. 学生自我评价及反思

____

____

3. 小组评价及反思

____

____

4. 教师评估与总结

____

____

5. 各小组对工作岗位的“6S”处理

在小组和教师都完成工作任务总结后，各小组必须对自己的工作岗位进行“整理、整顿、清扫、清洁、安全、素养”的处理；归还工量具及剩余材料。

6. 评价表（表3－13）

表3－13　电梯限速器、安全钳联动学习评价表（100分）

序号	内容	配分	评分标准	扣分	得分	备注
1	授课过程	10	1. 授课时无故迟到（扣1～4分）			
			2. 授课时交头接耳（扣1～2分）			
			3. 授课时玩手机、打瞌睡（扣1～4分）			
2	工具材料准备	20	1. 工具材料未按时准备（扣15分）			
			2. 工具材料未准备齐全（扣1～5分）			
3	资料搜集	20	1. 未参与搜集资料（扣15分）			
			2. 资料搜集不齐全（扣1～5分）			
4	小组讨论	20	1. 未参与小组讨论（扣15分）			
			2. 小组讨论不积极（扣1～5分）			
5	实训活动	20	1. 未参与实训活动（扣15分）			
			2. 小组讨论不积极（扣1～5分）			
			3. 实训活动中肆意破坏实训设施或工具（扣20分）			

（续表 3－13）

序号	内容	配分	评分标准	扣分	得分	备注
6	职业规范和环境保护	10	1. 在工作过程中工具和器材摆放凌乱（扣 4 ～ 5 分）			
			2. 不爱护设备、工具，不节省材料（扣 4 ～ 5 分）			
			3. 在工作完成后不清理现场，在工作中产生的废弃物不按规定处置，各扣 5 分（若将废弃物遗弃在课桌内的可扣 10 分）			
得分合计						
教师签名						

【知识技能扩展】

在安全保护系统中限速器、安全钳、张紧轮装置能缺乏其一吗？

任务 4　电梯缓冲器的构成、分类及作用

【工作任务】

了解电梯缓冲器的种类、缓冲器的安全技术要求、维护方法。

【任务目标】

了解电梯缓冲器的作用及其原理。

【任务要求】

通过对任务的学习，各小组能够认识电梯缓冲器的组成、种类、作用及原理；熟知电梯缓冲器的安全技术要求；掌握电梯缓冲器的维护方法；并能树立牢固的安全意识与规范操作的良好习惯。

【能力目标】

小组发挥团队合作精神，掌握电梯缓冲器的维护方法。

【任务准备】

在其它安全保护装置均不能起作用的情况下，则靠限速器、安全钳（轿厢在运动中起作用）和缓冲器（轿厢到达井底终端位置起作用）的作用，能够使轿厢停住而不使人或设备受到伤害。

一、缓冲器

缓冲器有蓄能型（弹簧）、耗能型（液压）和非线性蓄能型缓冲器三种。

1．弹簧缓冲器

弹簧缓冲器由缓冲垫、缓冲座、压缩弹簧和弹簧座等组成，其结构如图3－6所示。

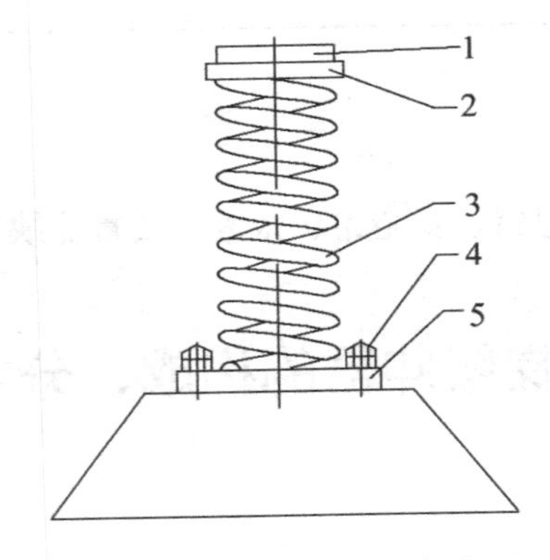

图3－6　弹簧缓冲器

1—缓冲橡胶；2—上缓冲座；3—缓冲弹簧；4—地脚螺栓；5—弹簧座

弹簧缓冲器在受到冲击后，以自身的变形将电梯轿厢或对重下落时产生的动能转化为弹性势能，使电梯落下时得到缓冲。弹簧缓冲器在受力时会产生反作用力，反作用力使轿厢反弹并反复进行直到冲击力消失。弹簧缓冲器的缺点是缓冲不平稳，我国规定这种缓冲器仅用于额定速度不大于1m/s的低速电梯。

弹簧缓冲器的总行程是重要的安全指标，国家规定总行程应至少等于相当于115%额定速度的重力制停距离的两倍（$0.0674V^2 \times 2 = 0.135V^2$m）。无论如何，此行程不得小于65mm。

2．耗能型缓冲器

耗能型缓冲器，由缓冲垫、柱塞、复位弹簧、油位检测孔、缓冲器开关及缸体等组成，如图3－7所示。

图3－7 耗能型缓冲器

与弹簧缓冲器相比，油压缓冲器具有缓冲效果好、行程短，并没有反弹作用等优点。适用于各种速度的电梯。

1）结构

缓冲垫由橡胶制成，可避免与轿厢或对重的金属部分直接冲撞，柱塞和缸体均由钢管制成，复位弹簧位于柱塞内，它有足够的弹力使柱塞处于全部伸长位置。缸体装有油位计，用以观察油位。缸体底部有放油孔，平时油位计加油孔和底部放油孔均用油塞塞紧，防止漏油。

2）工作原理

轿厢或对重撞击缓冲器时，柱塞受力向下运动，压缩缓冲器油，油通过环形节流孔时，由于面积突然缩小形成涡流，使液体内的质点相互撞击、摩擦，将动能转化为热能，也就是消耗了能量，使轿厢（对重）以一定的减速度停止。当轿厢或对重离开缓冲器时，柱塞在复位弹簧的反作用下，向上复位到全伸长位置，油重新流回油缸内。就相同设计的缓冲器而言，轿厢或对重的选用黏度较高的缓冲器油，反之则应选用黏度较低的缓冲器油。

3）油压缓冲器复位开关

如果柱塞发生故障，有可能造成柱塞不能在规定时间内回复到原伸长位置，或不能回复到原伸长位置。如果不装设复位开关，以保证缓冲柱塞回复到原位置，那么下次缓冲器动作时，柱塞可能不在全伸长位置时动作，这样缓冲器将起不到缓冲作用。正常情况下，当缓冲器动作后，复位开关也随之动作，断开电梯控制电路，当轿厢或对重上升后，缓冲器柱塞逐渐回复到原位时，使限位开关接通控制电路，电梯才能正常运行。若缓冲器复位开关在电梯冲顶或蹲底后未能复位，说明缓冲器工作不正常，则复位开关断开电梯控制电路，使电梯停止。这样就保证了只要电梯在运行，缓冲器就能起到缓冲作用。复位开关可采用微动开关或行程开关，开关装置应动作可靠、反应灵活、往复性能好。

4）缓冲器的安全技术规范

油压缓冲器的总行程应至少等于相当于115%额定速度的重力制停距离（$0.067V^2$），行程均应不小于0.42m。

在下述情况下可以降低缓冲器的行程：

电梯在达到端站前，电梯减速监控装置能检查出曳引机转速确实在慢速下降，且轿厢减速后与缓冲器接触时的速度不超过缓冲器的设计速度，则可以用这一速度来代替额定速度计算缓冲器的行程，但其行程不得小于以下值。

（1）当电梯额定速度不超过4m/s时，其缓冲行程为$0.0674V^2$的50%；但在任何情况下缓冲器的行程不应小于540mm。

（2）当电梯额定速度超过4m/s时，其缓冲行程为$0.0674V^2$的1/3。但在任何情况下缓冲器的行程不应小于540mm。

（3）装有额定载质量的轿厢自由下落时，缓冲器作用期间的平均减速度应不大于$1g_n$，$2.5g_n$以上的减速度时间应不大于0.04s。

缓冲器动作后，应无永久变形。

3. 非线性蓄能型缓冲器

非线性蓄能型缓冲器又称聚氨酯类缓冲器。弹簧式缓冲的使用率较高，但缓冲器制造、安装都比较麻烦，成本高，并且在起缓冲作用时对轿厢的反弹冲击较大，对设备及使用者都不利。液压式缓冲器虽然可以克服弹簧式反弹冲击的缺点，但造价太高，且液压管路易泄漏，易出故障，维修量大。现在市场上出现了采用新工艺生产的聚氨酯类缓冲器，这种缓冲器克服了老式缓冲器的主要缺点，动作时对轿厢几乎没有反弹冲击，单位体积的冲出容量大，安装非常简单，不用维修，抗老化性能优良，而且成本只有弹簧式缓冲器的1/2，比液压式更低。聚氨酯类缓冲器，如图3－8所示。

图3－8　聚氨酯类缓冲器

非线性蓄能型缓冲器的安全技术规范：当载有额定载质量的轿厢自由落下并以115%额定速度撞击轿厢缓冲器时，缓冲器作用期间的平均减速度应不大于

1g；2.5g 以上的减速度时间不大于 0.04s；轿厢反弹的速度不应超过 1m/s；缓冲器动作后，应无永久变形。

4. 缓冲器的安装验收规范

轿厢在两端站夹层位置时，轿厢、对重装置的撞板与缓冲器顶面间的距离，耗能型缓冲器为 150 ～ 400mm，蓄能型缓冲器为 200 ～ 350mm。

同一基础上的两个缓冲器顶部与轿底对应距离差不大于 2mm。

液压缓冲器柱塞铅垂度不大于 0.5%，充液量正确，且应设有在缓冲器动作后未恢复到正常位置时使电梯不能正常运行的电气安全开关。

5. 缓冲器的维护方法

1）经常性或定期检查以下的项目：

（1）缓冲器的各项技术指标（如缓冲行程、缓冲减速度等）以及安全工作状态是否符合要求。

（2）油压缓冲器的油位及泄漏情况（至少每季度检查一次），油面高度应经常保持在最低油位线以上。油的凝固点应在 –10℃ 以上。黏度指标应在 75% 以上。

（3）弹簧缓冲器的弹簧有无锈蚀，底座螺栓有无松动，底坑有无积水。

（4）弹簧缓冲器上的橡胶冲垫有无变形、老化或脱落，若有应及时更换（有的电梯无）。

（5）油压缓冲器柱塞的复位情况。检查方法是以低速使缓冲器冲刺到全压缩位置，然后放开，从开始放开的一瞬间计算，到柱塞回到原位置上，所需时间不大于 90s（每年检查一次）。

（6）轿厢或对重撞击缓冲器后，应全面检查，如发现弹簧不能复位或歪斜，应予以更换。

2）做好以下项目的维修保养：

（1）弹簧缓冲器的表面，应定期涂黄油防腐，当表面锈斑严重时，应加涂防锈漆。

（2）油压缓冲器的柱塞外露部分要清除尘埃、油污，保持清洁，并涂上防锈油脂。

（3）定期对油压缓冲器的油缸进行清洗，更换废油。

（4）定期查看并坚固缓冲器与底坑下面的固定螺栓，防止松动。

二、工具、材料的准备

为了完成工作任务，每个小组需要准备如表 3 – 14 所述的工具及材料。

表 3－14　电梯缓冲器的分类所需工具及材料表

序号	工具名称	型号规格	数量	单位	备注
1	缓冲器		1	个	
2	扳手		1	个	
3	一字螺丝刀		1	个	
4	笔记本		1	本	
5	签字笔		1	支	

【任务实施】

（一）资讯

为了更好地完成工作任务，请回答以下问题。

（1）缓冲器有__________、__________和__________三种。

（2）缓冲器的工作原理。

（3）缓冲器的安全技术要求。

（二）学习活动

1. 资料搜集

（1）耗能型缓冲器

①耗能型缓冲器的结构；②耗能型缓冲器的工作原理。

2. 小组讨论

每个小组通过搜集的资料进行讨论，验证资料的真实性、可靠性并完成表格 3－15。

表 3－15　电梯缓冲器的讨论过程记录表

	讨论方向	讨论内容	讨论结果	备注
1	电梯的缓冲器	缓冲器的作用		
		缓冲器的分类		
2	电梯的缓冲器	缓冲器的安全技术规范		

（三）实训活动

1. 实训准备

（1）指导教师先到电梯所在场所“踩点”。了解周边环境，事先做好预案

（参观路线、学生分组等）。

（2）对学生进行参观前的安全教育。

2. 参观活动

（1）组织学生到相关实训场所参观电梯，将观察结果记录于表 3－16 中（也可自行设计记录表）。

表 3－16　实训电梯参观记录

电梯类型	客梯；货梯；客货两用梯；观光梯；特殊用途电梯；自动扶梯；自动人行道
安装位置	
主要用途	载客；货运；观光；其他用途
缓冲器类型	
缓冲行程	
复位时间	

3. 参观总结

学生分组，每个人口述所参观的电梯缓冲器的作用及特点等。

【任务评价】

1. 成果展示

各组派代表上台总结完成任务的过程中，学会了哪些知识，展示学习成果，并叙述成果的由来。

2. 学生自我评价及反思

____

____

3. 小组评价及反思

____

____

4. 教师评估与总结

____

____

5. 各小组对工作岗位的“6S”处理

在小组和教师都完成工作任务总结后，各小组必须对自己的工作岗位进行“整理、整顿、清扫、清洁、安全、素养”的处理；归还工量具及剩余材料。

6. 评价表（表 3－17）

表 3-17　电梯缓冲器的学习评价表（100 分）

序号	内容	配分	评分标准	扣分	得分	备注
1	授课过程	10	1. 授课时无故迟到（扣 1 ～ 8 分）			
			2. 授课时交头接耳（扣 1 ～ 4 分）			
			3. 授课时玩手机、打瞌睡（扣 1 ～ 8 分）			
2	工具材料准备	20	1. 工具材料未按时准备（扣 15 分）			
			2. 工具材料未准备齐全（扣 1 ～ 5 分）			
3	资料搜集	20	1. 未参与搜集资料（扣 15 分）			
			2. 资料搜集不齐全（扣 1 ～ 5 分）			
4	小组讨论	20	1. 未参与小组讨论（扣 15 分）			
			2. 小组讨论不积极（扣 1 ～ 5 分）			
5	实训活动	20	1. 未参与实训活动（扣 15 分）			
			2. 小组讨论不积极（扣 1 ～ 5 分）			
			3. 实训活动中肆意破坏实训设施或工具（扣 20 分）			
6	职业规范和环境保护	10	1. 在工作过程中工具和器材摆放凌乱（扣 4 ～ 5 分）			
			2. 不爱护设备、工具，不节省材料（扣 4 ～ 5 分）			
			3. 在工作完成后不清理现场，在工作中产生的废弃物不按规定处置，各扣 5 分（若将废弃物遗弃在课桌内的可扣 10 分）			
得分合计						
教师签名						

【知识技能扩展】

检查电梯缓冲器时需要注意什么事项?

任务5　电梯安全回路识读

【工作任务】

了解电梯安全回路的组成。

【任务目标】

了解电梯安全回路的作用及其原理。

【任务要求】

通过对任务的学习，各小组能够认识电梯安全回路的组成、作用及原理；熟读原理图，能做电路基本检测；并能树立牢固的安全意识与规范操作的良好习惯。

【能力目标】

小组发挥团队合作精神，掌握电梯安全回路的原理。

【任务准备】

一、电梯安全回路

中华人民共和国国家标准电梯制造与安装安全规范（GB7588—2003）规定：电梯安全回路指串联所有电气安全装置的回路。当一个或几个安全部件开关满足安全回路要求的安全触点，它能够直接切断电梯驱动主机的供电。

二、电梯安全回路工作原理

由 TR_1 主变压器出来的 AC110V 电源，正极通过接线端 NF3/2 连接到相序继电器，再到控制柜急停开关，把电梯中所有安全部件的开关串联一起，控制安全接触器 JDY，只要安全部件中有任何一只安全部件的开关起保护，将切断安全接触器 JDY 线圈电源，使 JDY 释放，同时将报警信号反馈回主控电脑板。

电梯安全回路图参见图 3－9、图 3－10 所示。

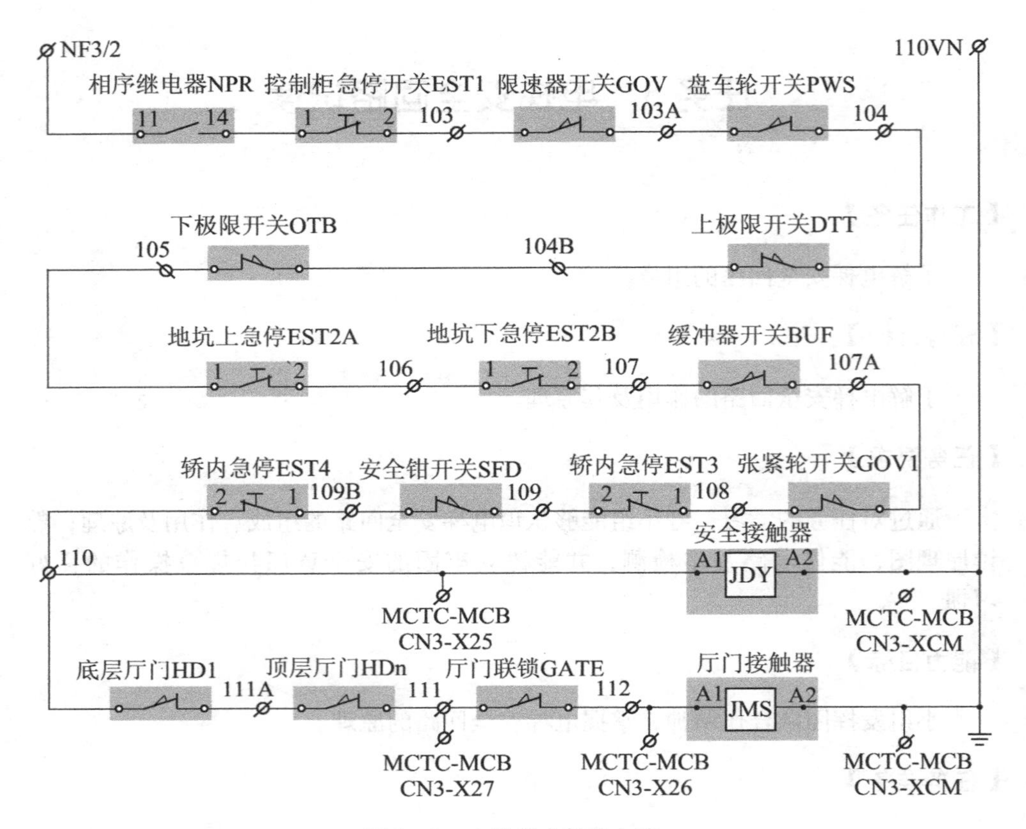

图 3－9　电梯安全保护电路

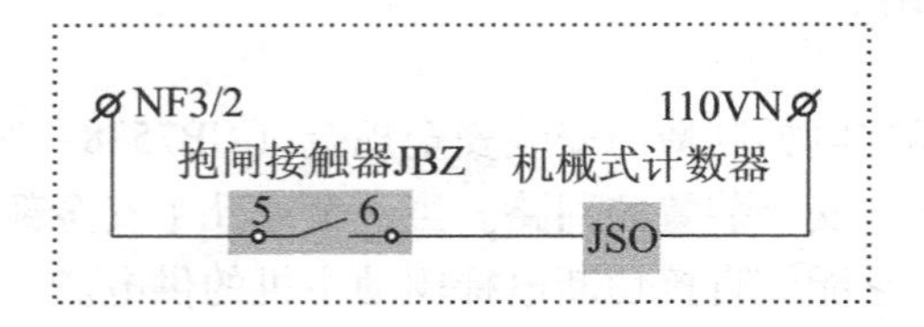

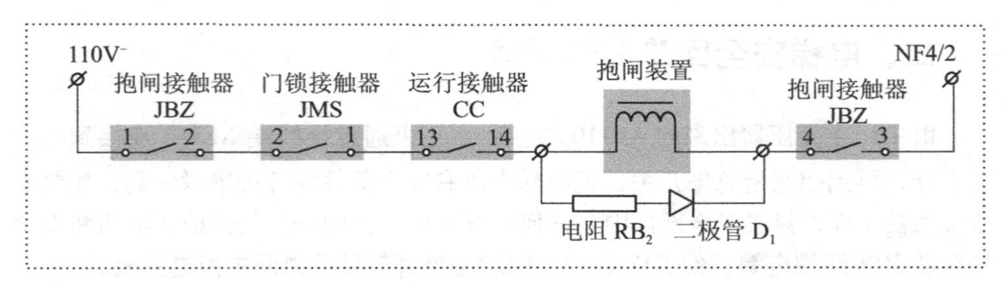

图 3－10　电梯制动电路

三、电梯安全回路的安全部件开关

1. 限速器开关（包括限速器断绳开关）——当电梯的速度超过额定速度一定值（至少等于额定速度的115%）时，其动作能导致安全钳起作用的安全装置。

2. 检修开关——分为控制柜检修开关、轿内检修开关和轿顶检修开关。三处检修开关互锁，防止误动作，保证维修人员的安全。

3. 底坑缓冲器开关——该装置位于井道底部，设置在轿厢和对重的行程底部极限位置。在缓冲器（一种用来吸收轿厢和对重动能的弹性缓冲安全装置）动作后回复至其正常伸长位置后电梯才能正常运行，为检查缓冲器的正常复位所采用的开关装置。

4. 上、下极限联锁开关——当轿厢运行超越平层磁感应装置时，在轿厢或对重装置未接触缓冲器之前，强迫切断主电源和控制电源的非自动复位的安全装置。该装置设置在尽可能接近端站时起作用而无误动作危险的位置上。应在轿厢或对重（如有）接触缓冲器之前起作用，并在缓冲器被压缩期间保持其动作状态。对强制驱动的电梯，极限开关的作用是直接切断电动机和制动器的供电回路。极限开关动作后，电梯不能自动恢复运行。

5. 安全钳开关——在轿厢或对重故障下落超速时，限速器先动作，提起安全钳连杆机构，断开安全钳开关，切断主电源。

6. 安全窗开关——指轿厢安全窗设有手动上锁的安全装置，如果锁紧失效，该装置能使电梯停止。只有在重新锁紧后，电梯才有可能恢复运行。

7. 厅门、轿门联锁开关——厅门、轿门关闭后锁紧，同时接通控制回路，轿厢方可运行的机电联锁安全装置。其作用是当电梯轿厢停靠在某层站时，其它层站的厅门是被有效锁紧的。一旦被开启，电梯则不能正常启动或保持运行。

8. 盘手轮开关（可选）——当电梯发生故障，轿厢停靠在两层站之间时，切断盘车手轮开关，松开安全钳，转动盘手轮，可使轿厢到达较近的层站。

9. 超速保护开关（可选）——能检测出上行轿厢的速度失控，并能使轿厢制停，或至少使其速度降低至对重缓冲器的设计范围。

四、安全回路作用

为保证电梯能安全地运行，在电梯上装有许多安全部件。只有每个安全部件都在正常的情况下，电梯才能运行，否则电梯立即停止运行。所谓安全回路，就是在电梯各安全部件都装有一个安全开关，把所有的安全开关串联，控制一只安全继电器。只有所有安全开关都在接通的情况下，安全继电器吸合，电梯才能得电运行。

常见的安全回路开关有：

机房：控制屏急停开关、相序继电器、热继电器、限速器开关。

井道：上极限开关、下极限开关（有的电梯把这两个开关放在安全回路中，有的则用这两个开关直接控制动力电源）。

底坑：断绳保护开关、地坑检修箱急停开关、缓冲器开关。

轿内：操纵箱急停开关。

轿顶：安全窗开关、安全钳开关、轿顶检修箱急停开关。

安全回路故障状态：当电梯处于停止状态，所有信号不能登记，快车慢车均无法运行，首先怀疑是安全回路故障。应该到机房控制屏观察安全继电器的状态。如果安全继电器处于释放状态，则应判断为安全回路故障。

安全回路故障可能原因：

（1）输入电源的相序错相或缺相引起相序继电器动作；

（2）电梯长时间处于超负载运行或堵转，引起热继电器动作；

（3）可能轿厢超速引起限速器开关动作；

（4）电梯冲顶或蹲底引起极限开关动作；

（5）地坑限速器绳跳出或超长时，张紧轮开关动作；

（6）安全钳开关动作；

（7）安全窗被人顶起，引起安全窗开关动作；

（8）急停开关被人按下；

（9）如果各开关都正常，应检查其触点接触是否良好，接线是否有松动等。

另外，目前较多电梯虽然安全回路正常，安全继电器也吸合，但通常在安全继电器上取一对常开触点再送到微机（或 PC 机）进行检测，如果安全继电器本身接触不良，也会引起安全回路故障的状态。

五、工具、材料的准备

为了完成工作任务，每个小组需要准备如表 3－18 所述的工具及材料。

表 3－18　电梯安全回路所需工具及材料表

序号	工具名称	型号规格	数量	单位	备注
1	电梯安全电路图		1	张	
2	万用表		1	个	
3	一字螺丝刀		1	个	
4	笔记本		1	本	
5	签字笔		1	支	

【任务实施】

（一）资讯

为了更好地完成工作任务，请回答以下问题。

电梯安全回路的安全部件开关有哪几个？

（二）学习活动

1. 资料搜集

（1）电梯安全回路

①电梯安全回路的原理图；②电梯安全回路的工作原理。

（2）电梯安全回路的作用

2. 小组讨论

每个小组通过搜集的资料进行讨论，验证资料的真实性、可靠性并完成表格3－19。

表3－19　电梯安全回路的讨论过程记录表

	讨论方向	讨论内容	讨论结果	备注
1	电梯的安全回路	电梯安全回路的作用		
		电梯安全回路的原理		
		常见的安全回路开关		

（三）实训活动

1. 实训准备

准备如表3－20所示的工具及劳保用品。

表3－20　实训电梯安全回路的测量所需工具及劳保用品

序号	工具名称	规格型号	数量
1	数字万用表		1把
2	三角钥匙		1把
3	安全帽		1
4	安全带		1
5	警示标志	机房电源箱挂牌、层站警示标志×2	3

2. 测量与调试

在教师的指导下，按照表 3－21 的要求，分组测量实训电梯门锁回路，并由教师指导进行调试。测量结果记录于表 3－21 中。

表 3－21　实训电梯安全回路的测量与调整

测量项目	测量项目（内容）	测量数据 1	测量数据 2
安全回路数据测量	1. NF3/2 和 JDY/A2		
	2. 104 和 JDY/A2		
	3. 105 和 JDY/A2		
	4. 108 和 JDY/A2		

【任务评价】

1. 成果展示

各组派代表上台总结完成任务的过程中，学会了哪些知识，展示学习成果，并叙述成果的由来。

2. 学生自我评价及反思

____

____

3. 小组评价及反思

____

____

4. 教师评估与总结

____

____

5. 各小组对工作岗位的“6S”处理

在小组和教师都完成工作任务总结后，各小组必须对自己的工作岗位进行“整理、整顿、清扫、清洁、安全、素养”的处理；归还工量具及剩余材料。

6. 评价表（表 3－22）

表 3－22　电梯安全回路学习评价表（100 分）

序号	内容	配分	评分标准	扣分	得分	备注
1	授课过程	10	1. 授课时无故迟到（扣 1 ～ 4 分）			
			2. 授课时交头接耳（扣 1 ～ 2 分）			
			3. 授课时玩手机、打瞌睡（扣 1 ～ 4 分）			

（续表 3－22）

序号	内容	配分	评分标准	扣分	得分	备注
2	工具材料准备	20	1. 工具材料未按时准备（扣 15 分）			
			2. 工具材料未准备齐全（扣 1 ～ 5 分）			
3	资料搜集	20	1. 未参与搜集资料（扣 15 分）			
			2. 资料搜集不齐全（扣 1 ～ 5 分）			
4	小组讨论	20	1. 未参与小组讨论（扣 15 分）			
			2. 小组讨论不积极（扣 1 ～ 5 分）			
5	实训活动	20	1. 未参与实训活动（扣 15 分）			
			2. 实训活动不积极或记录不清晰（扣 1 ～ 5 分）			
			3. 实训活动中肆意破坏实训设施或工具（扣 20 分）			
6	职业规范和环境保护	10	1. 在工作过程中工具和器材摆放凌乱（扣 4 ～ 5 分）			
			2. 不爱护设备、工具，不节省材料（扣 4 ～ 5 分）			
			3. 在工作完成后不清理现场，在工作中产生的废弃物不按规定处置，各扣 5 分（若将废弃物遗弃在课桌内的可扣 10 分）			
得分合计						
教师签名						

【知识技能扩展】

讲述电梯安全回路的检修思路？

项目四　电梯门系统

本项目的主要目的是熟悉电梯层门和轿厢门的构成与分类，掌握电梯层门和轿厢门的安装与调整方法，了解电梯门锁回路的基本构成原理。这是完成本项目任务的前提，操作者在实际操作过程中，应始终牢记安全操作规范。本项目通过完成电梯层门的构成、分类及安装调整；电梯轿厢门的构成、分类及安装调整；电梯门锁回路识读等3个任务的学习。要求操作者能够准确叙述出电梯层门与轿厢门构成及分类，掌握电梯层门和轿厢门的安装与调整以及电梯门锁回路识读，培养良好的团队合作精神。

【项目目标】

（1）熟悉电梯层门的构成及分类；
（2）熟悉电梯轿厢门的构成及分类；
（3）掌握电梯层门安装与调整方法；
（4）掌握电梯轿厢门安装与调整方法；
（5）了解电梯门锁回路的基本原理；
（6）培养作业人员良好的团队合作精神和职业素养。

【项目描述】

电梯门分轿厢门和层站门。轿厢门是设置在轿厢入口的门，装有自动开、关门机构；由于轿厢门的开、关带动层站门动作，所以轿厢门也称主动门。

层站门是设置在层站入口的封闭门，由轿厢门带动，因此层站门也称为被动门，为了保证电梯在正常运行时安全可靠，只有在轿厢门和层站门完全关闭后，电梯才能运行。所以在层站门上安装具有电气与机械连锁装置的自动门锁。在轿厢门上方装有开关门机构，当轿厢运行到层站时，轿厢上的门刀插入层站门门锁的滚轮之间；当轿厢开关门机构撑开轿厢门时，便带动门刀把层站门打开。轿厢启动运行前，轿厢开关门机构带动轿厢门闭合，门刀带动层站门关闭后，轿厢才能启动运行。为了防止轿厢门关闭时夹伤人，一般设置如触板、传感器或光幕等安全装置，当人或物触及触板或传感器检测到有物体阻碍门关门时，便能自动停止关门并回到原来开启的位置。

本项目根据职业学校电梯专业教学的基本要求，设计了3个工作任务，通过完成这3个工作任务使学习者能够准确叙述出电梯层站门和轿厢门的构成与分类，掌握电梯层站门和轿厢门的安装与调整方法，了解电梯门锁回路的基本原理，培养作业人员良好的团队合作精神和职业素养。

任务1 电梯层门的构成及分类

【工作任务】

电梯层门的构成及分类。

【任务目标】

（1）认识电梯层门的基本结构。
（2）能够准确叙述出电梯层门各个部件的名称及位置。
（3）了解电梯层门的分类。

【任务要求】

通过对任务的学习，各小组能够认识电梯层门的基本结构；能够准确叙述出电梯层门各个部件的名称及位置；了解电梯层门的分类，树立牢固的安全意识与规范操作的良好习惯，任务完成后各小组能够叙述出电梯层门有哪些部件及分类。

【能力目标】

小组发挥团队合作精神搜集电梯层门的构成及分类的相关资料、图片并展示。

【任务准备】

一、电梯层门的分类

电梯层站门（简称“层门”）主要有两种形式，即滑动门和旋转门，当前普遍采用的是滑动门（旋转门在国外小型公寓电梯中有使用）。滑动按其开门方向又可分为中分式、旁开式和直分式三种，层门必须和轿厢门是同一形式。

1. 中分式层门

中分式层门由中间分开，开门时左右门扇分别以相同的速度向两侧滑动；关门时，则以相同的速度向中间靠拢，如图4－1所示。

中分式层门按其门扇数量又可分为两扇中分式和四扇中分式。四扇中分式一般用于开门宽度较大的电梯，此时单侧两个门扇的运动方式与两扇旁开式门相同。

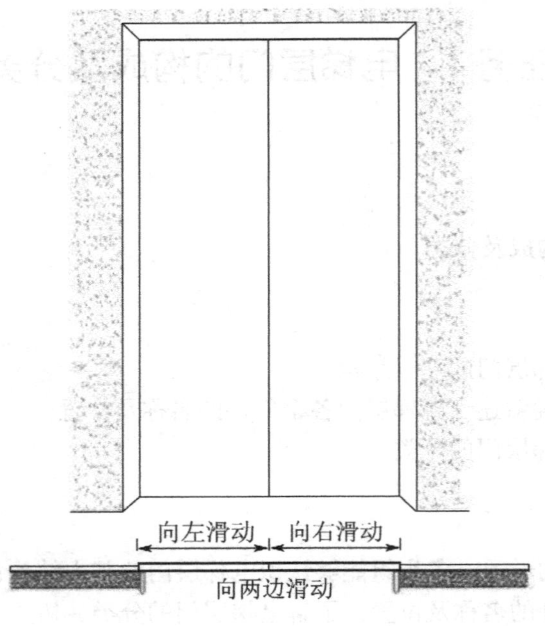

图 4－1　中分式层门

2. *旁开式层门*

旁开式层门由一侧向另一侧推开或靠拢，按照门扇数量，常见的有单扇、双扇和三扇旁开式门等，如图 4－2 所示。

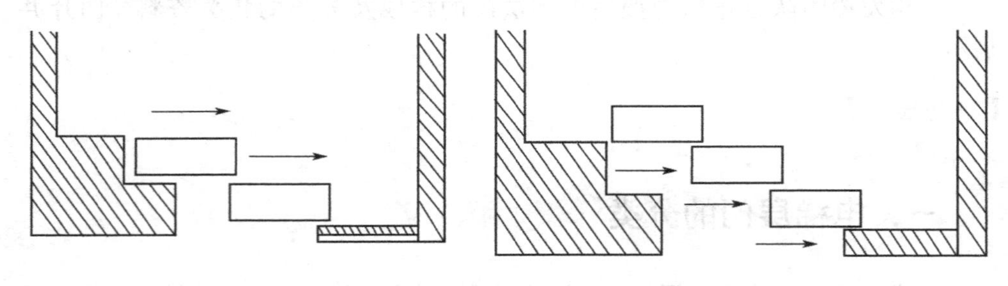

图 4－2　旁开式层门

当旁开式层门为两扇及两扇以上时，每一扇门扇在开门和关门时各自的行程不同，但运动的时间却必须相同，因此各门扇的速度有快慢之分，速度快的称为快门，反之称为慢门。双扇旁开式层门又称双速门，由于门在打开后是折叠在一起的，因而又称双折门。同样，当旁开式层门为三扇时，称为三速门或三折门。

旁开式层门按开门方向，又可分为左开式层门和右开式层门。区别方法是：人站在候梯厅中，面向层门，门向左开的称左开式层门；反之为右开式层门。如

图 4－2 所示均为右开式层门。

二、电梯层门的基本结构

电梯厅门（又称层门）设置在层站进入电梯的入口，用以封闭电梯井道，中分式厅门是常见的电梯厅门。电梯运行到达层站时，厅门开启；电梯轿厢离开层站，厅门封闭井道入口，以防止候梯厅内人员坠入井道，保证候梯厅内人员的安全。

另外电梯厅门上安装具电气机械连锁装置的自动门锁。当轿厢运行到层站轿厢门开启时，轿厢上的门刀插入厅门门锁的滚轮之间，门刀带动厅门运动将厅门打开。轿厢要离开层站时，轿厢门关闭并由门刀带动厅门关闭后，轿厢才能启动离开。

电梯厅门由门扇、门导轨、门滑轮、门地坎、门滑块、门锁及门导轨架等部件组成。厅门由门滑轮悬挂在门导轨上，下部通过滑块与地坎相配合，如图 4－3 所示。

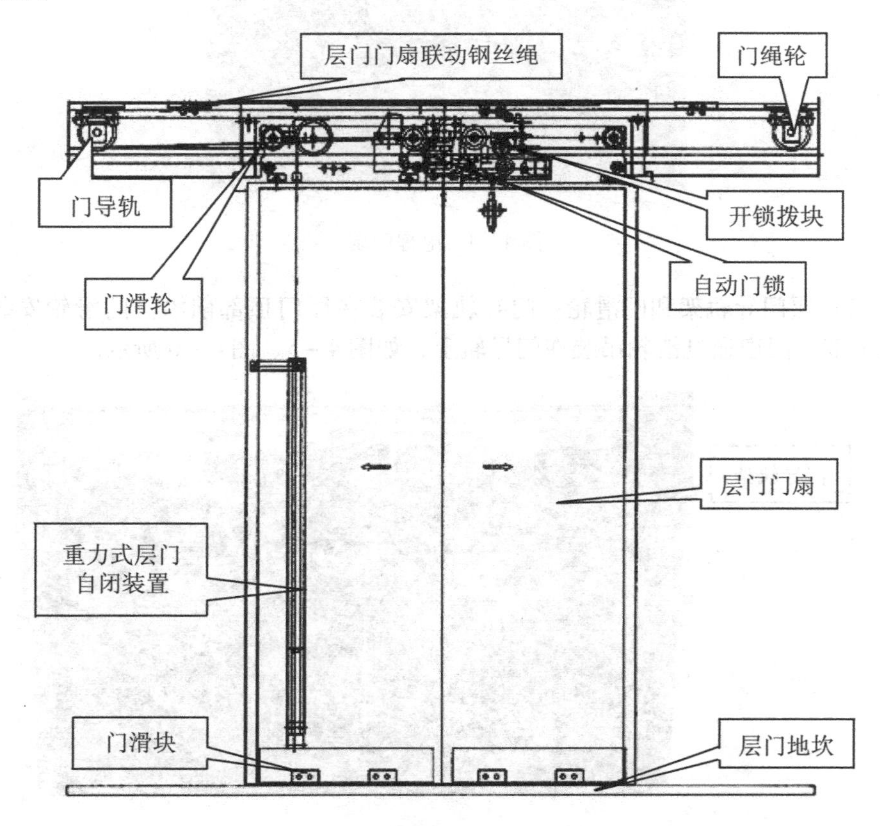

图 4－3　电梯中分式厅门结构图

1．电梯门系统各机械部件结构

（1）门扇：乘客电梯层门扇均应是封闭无孔的，货梯及施工电梯的层门可以使用交栅门。门扇一般都用薄钢板制成，客梯多用不锈钢板，如图4－4所示。

图4－4 电梯门扇

（2）层门导轨架和门滑轮：门导轨架安装在厅门顶部前沿。门滑轮安装在门扇上部。门扇通过滑轮吊装在门导轨上，如图4－5、图4－6所示。

图4－5 电梯门导轨架

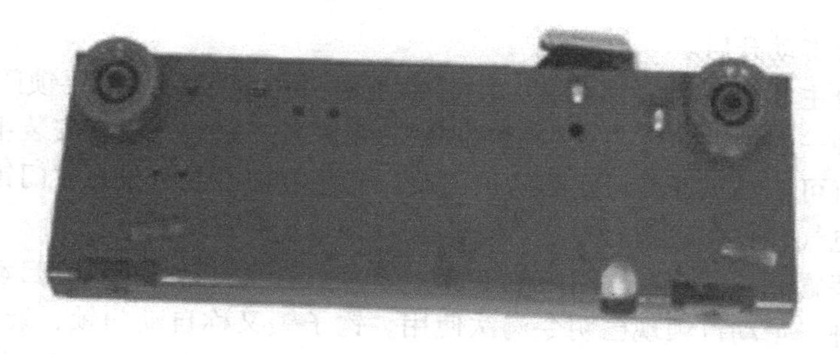

图4－6　电梯门挂板

（3）门地坎和门导靴：门地坎和门导靴是层门的辅助导向组件，与门导轨和门滑轮配合，使门的上、下两端均受导向和限位。层门在运行时，门导靴顺着地坎槽滑动。有了门导靴，门扇才能在外力作用下不会倒向井道（如图4－7、图4－8）所示。

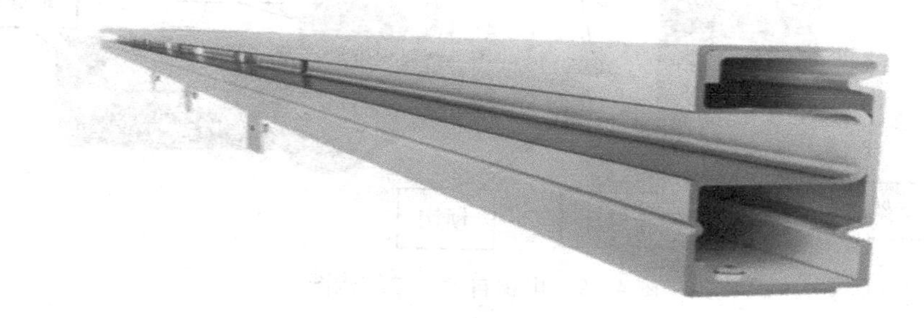

图4－7　电梯门地坎

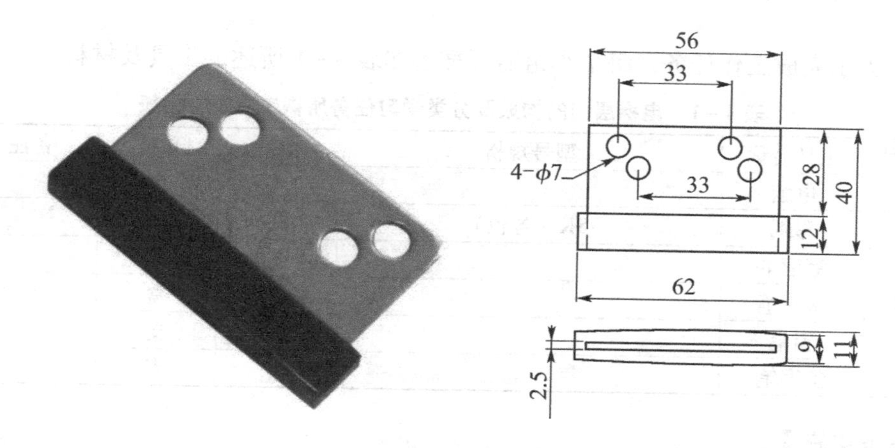

图4－8　电梯门导靴（门滑块）

（4）门锁：门锁是锁住厅门不被随便打开的重要安全保护装置。当电梯在运行而未停站时，各厅门都被门锁锁住。只有当电梯停站时厅门才能被安装在轿门上的门刀带动开启。

门锁分主门锁和副门锁两套，主门锁是通过门刀带动，主要锁闭厅门的装置，副门锁一般用来防止当厅门门绳或联动装置断开以后，没有安装主门锁的另一扇门会有可能被扒开而设立的防护门锁。有些电梯可能只设有主门锁，副门锁使用的是电气开关来检测。

门锁装置一般安装在厅门内侧上方，分为手动开关门的拉锁和自动开关门的钩子锁两种。手动拉锁现已明令淘汰使用。钩子锁又称自动门锁，装在厅门上，有多种结构，基本原理是平面连杆自锁原理。主要由锁轴、连接板、橡胶轮、锁钩板（臂）、锁钩挡块、撑牙及门锁电气开关触点等组成（如图 4－9 所示）。

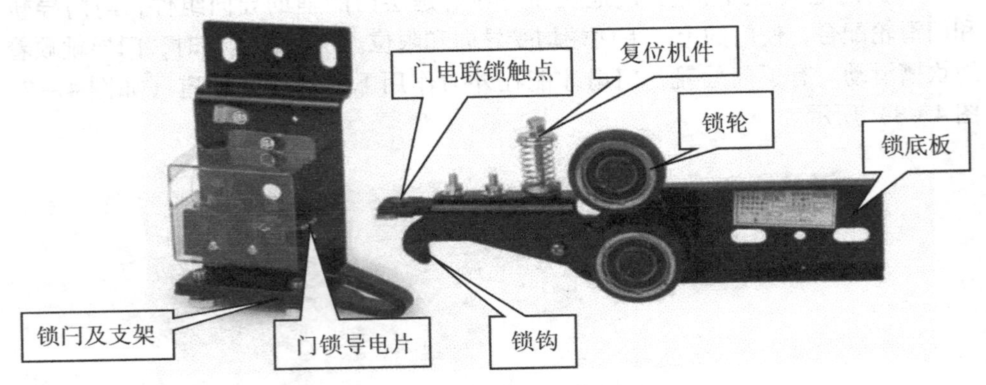

图 4－9　电梯自动门锁结构图

三、工具、材料的准备

为了完成工作任务，每个小组需要准备如表 4－1 所述的工具及材料。

表 4－1　电梯层门的构成及分类学习任务所需工具及材料表

序号	工具名称	型号规格	数量	单位	备注
1	电脑		1	台	
2	彩纸	8K（各色）	2	张	
3	笔记本		1	本	
4	水彩笔		1	盒	
5	铅笔		1	支	
6	签字笔		1	支	

【任务实施】

（一）资讯

为了更好地完成工作任务，请回答以下问题。

（1）电梯层门又称为__________。

（2）层门是设置在层站入口的__________________。

（3）层门是为了确保__________中的乘客安全设置在各楼层通向轿厢入口处的门。

（4）电梯的层门主要有以下两种形式____________、____________。

（5）滑动门可分为____________、____________。

（二）学习活动

1. 资料搜集

（1）电梯层门的构成；

（2）电梯层门的种类；

（3）电梯层门的相关标准。

2. 小组讨论

每个小组通过搜集的资料进行讨论，验证资料的真实性、可靠性并完成表格4－2。

表4－2 电梯层门的构成及分类讨论过程记录表

序号	讨论方向	讨论内容	讨论结果	备注
1	电梯层门的构成			
2	电梯层门的种类			
3	电梯层门的相关标准			

（三）实训活动

1. 实训准备

准备表4－3所述的工具及劳保用品。

表4－3 实训电梯层门设备的测量与调整所需工具及劳保用品

序号	工具名称	规格型号	数量
1	呆扳手	14、17、24	各2把
2	梅花扳手	14、17、24	各2把
3	十字螺丝刀	6×150mm	1
4	一字螺丝刀	6×150mm	1
5	纱手套		1

2. 测量与调试

在教师的指导下，按照表4－4的要求，分组测量实训电梯层门装置的数据，并由教师指导进行调试。测量结果记录于表4－4中。

表4－4 实训电梯层门装置的测量与调整

测量项目	测量项目（内容）	调整前测量数据	调整后测量数据
层门数据测量与调整	1. 层门门扇与门扇之间的间隙		
	2. 层门门锁与门套之间的间隙		
	3. 层门门扇与地坎之间的间隙		
	4. 门锁在电气连锁装置动作前，锁紧元件的最小啮合长度		
	5. 层门限位轮与门导轨下端面之间的间隙		
	6. 水平方向用手拨门，门间隙		

3. 电梯层门拆装

（1）在教师的指导下，分组拆装实训电梯层门装置，并由教师指导进行调试；

（2）电梯层门牛腿与地坎的拆装；

（3）电梯层门与门框的拆装；

（4）电梯层门机构的拆装；

（5）电梯层门门扇的拆装；

（6）电梯护脚板的拆装。

【任务评价】

1. 成果展示

各组派代表上台总结完成任务的过程中，学会了哪些知识，展示学习成果，并叙述成果的由来。

2. 学生自我评价及反思

____

____

3. 小组评价及反思

____

____

4. 教师评估与总结

____

____

5. 各小组对工作岗位的“6S”处理

在小组和教师都完成工作任务总结后，各小组必须对自己的工作岗位进行“整理、整顿、清扫、清洁、安全、素养”的处理；归还工量具及剩余材料。

6. 评价表（表4－5）

表4－5　电梯层门的构成及分类学习评价表（100分）

序号	内容	配分	评分标准	扣分	得分	备注
1	授课过程	10	1. 授课时无故迟到（扣1～8分）			
			2. 授课时交头接耳（扣1～4分）			
			3. 授课时玩手机、打瞌睡（扣1～8分）			
2	工具材料准备	20	1. 工具材料未按时准备（扣15分）			
			2. 工具材料未准备齐全（扣1～5分）			
3	资料搜集	20	1. 未参与搜集资料（扣15分）			
			2. 资料搜集不齐全（扣1～5分）			
4	小组讨论	20	1. 未参与小组讨论（扣15分）			
			2. 小组讨论不积极（扣1～5分）			
5	层门数据，测量与调整	20	1. 不按要求到实训场所进行参观（扣20分）			
			2. 数据测量与调整后记录完整性（扣20分）			
			3. 测量、调整过程记录不详细（扣10分）			
6	职业规范和环境保护	10	1. 在工作过程中工具和器材摆放凌乱（扣4～5分）			
			2. 不爱护设备、工具，不节省材料（扣4～5分）			
			3. 在工作完成后不清理现场，在工作中产生的废弃物不按规定处置，各扣5分（若将废弃物遗弃在课桌内的可扣10分）			
得分合计						
教师签名						

【知识技能扩展】

根据层门的构成，电梯轿厢门的构成是怎样的?

任务2　电梯轿厢门的构成及分类

【工作任务】

电梯轿厢门的构成及分类。

【任务目标】

（1）认识电梯轿厢门的基本结构。

（2）能够准确叙述出电梯轿厢门各个部件的名称及位置。

（3）了解电梯轿厢门的分类。

【任务要求】

通过对任务的学习，各小组能够认识电梯轿厢门的基本结构；能够准确叙述出电梯轿厢门各个部件的名称及位置；了解电梯轿厢门的分类，树立牢固的安全意识与规范操作的良好习惯，任务完成后各小组能够叙述出电梯轿厢门有哪些部件及分类。

【能力目标】

小组发挥团队合作精神搜集电梯轿厢门的构成及分类的相关资料、图片并展示。

【任务准备】

一、电梯轿厢门的分类

电梯轿厢门（简称“轿门”）是轿厢的出入口，装在轿厢靠层门的一侧，如果轿厢为双开门，则有前后两张轿门。轿门一般由装在轿厢顶部的自动开门机构带动（只有一些简易电梯的轿门由人力开关，如：施工电梯），因此轿厢门通常是自动门（主动门）。

由于轿门开关使用频繁，为减少开关门所需动力通常将轿门上部通过门滑轮挂在轿厢上坎上，轿门的下部设有轿门滑动导槽，有些高档电梯在轿门背面还做隔音消声处理。

1. 中分式轿门

中分式轿门由中间分开，开门时左右门扇分别以相同的速度向两侧滑动；关门时，则以相同的速度向中间靠拢，如图 4－10 所示。

中分式轿门按其门扇数量又可分为两扇中分式和四扇中分式。四扇中分式一般用于开门宽度较大的电梯，此时单侧两个门扇的运动方式与两扇旁开式门相同。

图 4－10　中分式轿门

2. 旁开式轿门

旁开式轿门由一侧向另一侧推开或靠拢，按照门扇数量，常见的有单扇、双扇和三扇旁开式门等，如图 4－11 所示。

图 4－11　旁开式轿门

当旁开式轿门为两扇及两扇以上时，每一扇门扇在开门和关门时各自的行程不同，但运动的时间却必须相同，因此各门扇的速度有快慢之分，速度快的称为快门，反之称为慢门。双扇旁开式层门又称双速门，由于门在打开后是折叠在一起的，因而又称双折门。同样，当旁开式轿门为三扇时，称为三速门或三折门。

旁开式轿门按开门方向，又可分为左开式轿门和右开式轿门。区别方法是：人站在候梯厅中，面向层门，门向左开的称左开式轿门；反之为右开式轿门。

二、电梯轿厢门结构

电梯轿厢到达层站时，轿厢开关门机构的门电动机通过变速机构，驱动轿厢门并借助机械机构带动厅门同步运动。

电梯轿厢门由门扇、门导轨、门滑轮、门地坎、门滑块、门刀、门电动机及门导轨架等部件组成。轿厢门由门滑轮悬挂在门导轨上，下部通过滑块与地坎相配合，如图 4－12 所示。

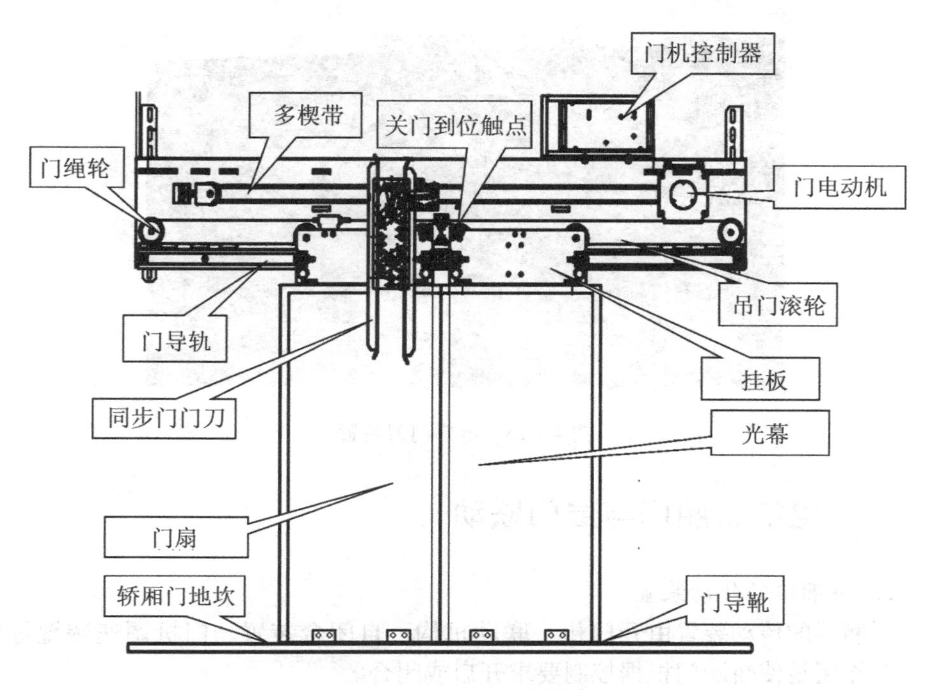

图 4－12　电梯轿厢门结构图

门刀安装在轿门上，门刀分单式与复式两种。相应的，厅门门锁也要与之配套。电梯运行时，安装在轿门上的“刀片”从门锁上的两只橡胶轮中间通过。当停站开门时，“刀片”随轿门横向移动（如图 4－13 所示）。

在开锁过程中，左边的橡胶轮以较快的速度接触“刀片”，当橡胶轮将“刀片”夹持后，右边的橡胶轮停止绕销轴转动，厅门开始随着“刀片”一起向右移动，直到开门到位为止。

在门锁开锁时，其撑牙依靠自重的作用将锁钩撑住，这样就保证了电梯关门，“刀片”推动右边的橡胶轮时，左边的橡胶轮及锁钩不发生转动，并使厅门随同“刀片”一起，朝着关门方向运行，当门接近关闭时，撑牙在限位螺钉的作用下与锁钩脱离接触，使厅门锁上。

如果门锁没有锁好，开关触点不能接通，电梯不能启动。如电梯在运行过程中，门扇（厅门或轿门）被碰触使开关触点分开，门锁瞬间断开电梯立即停止，需重新启动方可运行。

图 4 – 13　电梯门刀装置

三、电梯轿厢门与层门联动

1. 轿厢门的传动装置

轿厢门的传动装置由开门机、联动机构、自闭合装置、门机调速装置等组成。其作用是使轿厢门根据控制要求开启或闭合。

2. 自动开门机构

轿厢门开启、关闭的动力源是电动机通过传动机构驱动轿厢门运行，再由轿厢门带动厅门一起运行。

轿厢门的开门机构一般设在轿厢顶部，根据开、关门的方式（中分式或旁开式），开门机构可设在轿厢顶部前沿或旁侧。轿厢门控制箱也设置在轿厢顶部。如图 4 – 14 所示为一种常见的开门机构。

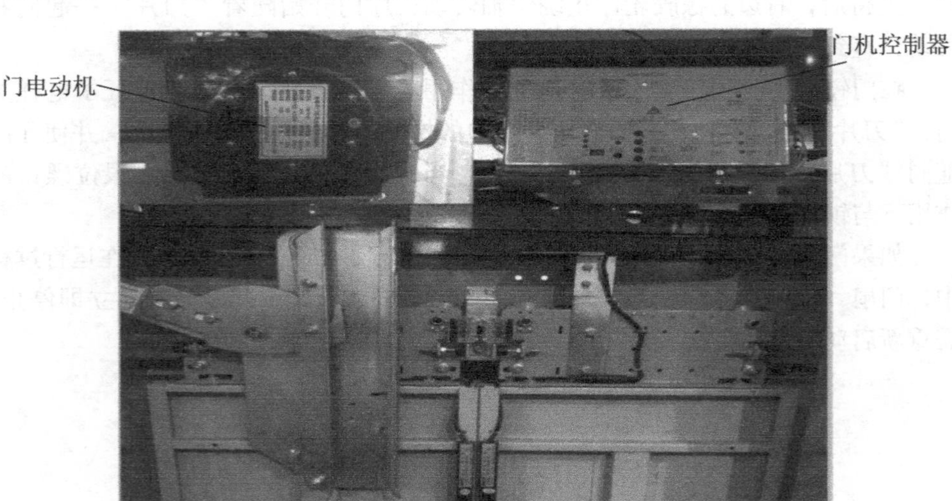

图 4 – 14　电梯轿厢门传动机构

3. 轿厢门的联动机构

电梯轿厢门大多是两扇。在门的开关过程中，当采用单刀时，轿厢门只能通过门系合装置直接带动一扇厅门，厅门门扇之间的运动协调是靠联动机构来实现的。如图 4－15a、b 所示。

(a)

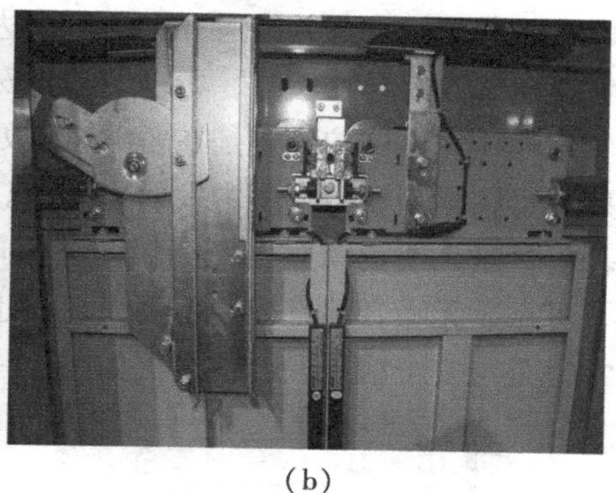

(b)

图 4－15　轿厢门联动机构

四、近门保护装置

为防止乘客在进出轿厢时被电梯门夹伤，电梯轿门上均设有安全保护装置，又称近门保护装置或防夹人装置，常用的有接触式和非接触式两种。

1. 接触式保护装置（安全触板）

接触式保护装置为机械式防护装置，在自动电梯轿门上采用。安全触板由门触板、控制杆和微动开关组成。平时，触板在自重的作用下，凸出门扇 30mm 左右，当门在关闭过程中，如果乘客或物体未完全进入轿厢，首先会触动安全触板，这时控制杆就会转动，压下微动开关触头，使门电机迅速反转，门被重新打开。一般中分式门，安全触板双侧安装，旁开式门单侧安装，如图 4－16 所示。

图 4－16　电梯入口保护装置（安全触板）

2. 非接触式保护装置（光幕、光电等）

非接触式保护装置有光电保护装置、超声波监控装置、电磁感应和红外线光幕保护装置等。

光电保护装置是在轿门水平位置的一侧装设发光头，另一侧装接收头，当光线被轿门附近的人或货物遮挡时，接收头一侧的光电管产生电信号，经放大后控制电梯切断关门电路并接通开门电路，达到防夹功能，由于该装置常因移位或被污物遮盖等原因导致失灵，所以经常与安全触板联合使用。

红外线光幕保护装置是在轿门门口处两侧对应安装红外线发射和接收装置，发射装置在整个轿门宽度中发射40道以上的红外线，相当于在轿门口形成一个光幕门，当人或货物遮挡光线后，关门电路被切断并接通开门电路。此装置灵敏、可靠、无噪音并且控制范围大，但也会因强光的干扰或尘埃的附着而失灵，通常也是与安全触板联合使用，如图4－17所示。

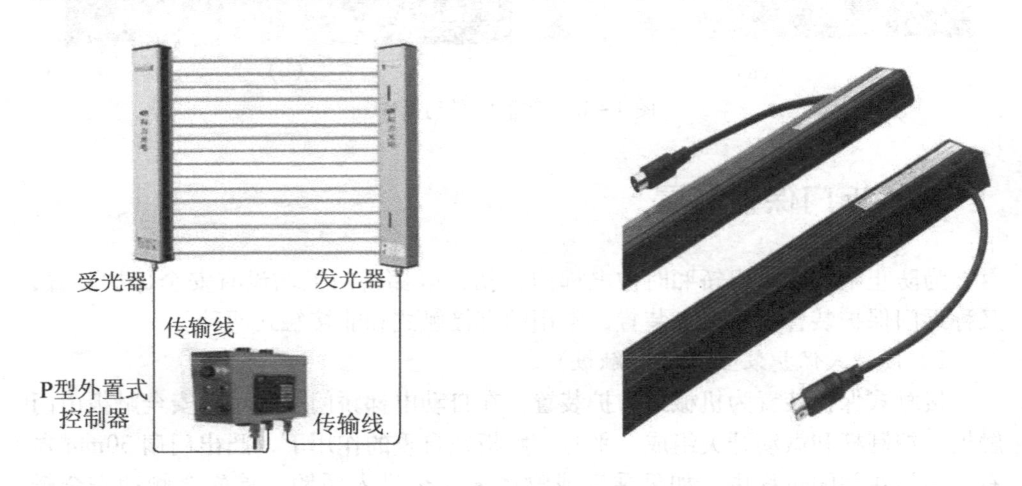

图4－17　电梯入口光电、光幕式保护装置

五、工具、材料的准备

为了完成工作任务，每个小组需要准备如表4－6所述的工具及材料。

表 4－6 电梯轿门的构成及分类学习任务所需工具及材料表

序号	工具名称	型号规格	数量	单位	备注
1	电脑		1	台	
2	彩纸	8K（各色）	2	张	
3	笔记本		1	本	
4	水彩笔		1	盒	
5	铅笔		1	支	
6	签字笔		1	支	

【任务实施】

（一）资讯

为了更好地完成工作任务，请回答以下问题。

（1）电梯轿厢门简称为__________。

（2）轿厢门是设置在靠近__________一侧。

（3）轿厢门上部通过__________挂在轿厢上坎上。

（4）电梯门系统防夹人装置有__________、__________两种。

（5）电梯轿厢门开门机构一般设在__________。

（二）学习活动

1. 资料搜集

（1）电梯轿厢门的构成；

（2）电梯轿厢门的种类；

（3）电梯轿厢门的相关标准。

2. 小组讨论

每个小组通过搜集的资料进行讨论，验证资料的真实性、可靠性并完成表格 4－7。

表 4－7 电梯轿厢门的构成及分类讨论过程记录表

序号	讨论方向	讨论内容	讨论结果	备注
1	电梯轿门的构成			

（续表4-7）

序号	讨论方向	讨论内容	讨论结果	备注
2	电梯轿门的种类			
3	电梯轿门的相关标准			
4	电梯轿门与层门联动过程			

（三）实训活动

1. 实训准备

准备表4-8所述的工具及劳保用品。

表4-8 实训电梯轿门设备的测量与调整所需工具及劳保用品

序号	工具名称	规格型号	数量
1	呆扳手	14、17、24	各2把
2	梅花扳手	14、17、24	各2把
3	十字螺丝刀	6×150mm	1
4	一字螺丝刀	6×150mm	1
5	纱手套		1

2. 测量与调试

在教师的指导下，按照表4-9的要求，分组测量实训电梯轿厢门装置的数据，并由教师指导进行调试。测量结果记录于表4-9中。

表4-9 实训电梯轿厢门门刀的测量与调整

测量项目	测量项目（内容）	调整前测量数据	调整后测量数据
轿门上门刀数据测量	1. 门刀与层门地坎的间隙		
	2. 门刀与层门滚轮的啮合尺寸		
	3. 门刀垂直度在0.5mm以内，轿门完全关闭时两刀片间隙		

3. 电梯轿门拆装

在教师的指导下，分组拆装实训电梯轿门装置，并由教师指导进行调试。

（1）电梯轿门地坎的拆装；
（2）电梯层门地坎与轿门地坎的测量与调整；
（3）电梯轿门机构的拆装；
（4）电梯轿厢门刀的拆装；
（5）电梯层门与轿门接卸联动的测量与调整。

【任务评价】

1. 成果展示

各组派代表上台总结完成任务的过程中，学会了哪些知识，展示学习成果，并叙述成果的由来。

2. 学生自我评价及反思

3. 小组评价及反思

4. 教师评估与总结

5. 各小组对工作岗位的“6S”处理

在小组和教师都完成工作任务总结后，各小组必须对自己的工作岗位进行“整理、整顿、清扫、清洁、安全、素养”的处理；归还工量具及剩余材料。

6. 评价表（表4－10）

表4－10 电梯轿门的构成及分类学习评价表（100分）

序号	内容	配分	评分标准	扣分	得分	备注
1	授课过程	10	1. 上课时无故迟到（扣1～8分）			
			2. 上课时交头接耳（扣1～4分）			
			3. 上课时玩手机、打瞌睡（扣1～8分）			
2	工具材料准备	10	1. 工具材料未按时准备（扣10分）			
			2. 工具材料未准备齐全（扣1～5分）			
3	资料搜集	10	1. 未参与搜集资料（扣10分）			
			2. 资料搜集不齐全（扣1～5分）			

（续表 4－10）

序号	内容	配分	评分标准	扣分	得分	备注
4	小组讨论	20	1．未参与小组讨论（扣 15 分）			
			2．小组讨论不积极（扣 1 ～ 5 分）			
5	轿门数据测量与调整	20	1．不按要求到实训场所进行参观（扣 20 分）			
			2．数据测量与调整后记录完整性（扣 20 分）			
			3．测量、调整过程记录不详细（扣 10 分）			
6	职业规范和环境保护	10	1．在工作过程中工具和器材摆放凌乱（扣 4 ～ 5 分）			
			2．不爱护设备、工具，不节省材料（扣 4 ～ 5 分）			
			3．在工作完成后不清理现场，在工作中产生的废弃物不按规定处置，各扣 5 分（若将废弃物遗弃在课桌内的可扣 10 分）			
得分合计						
教师签名						

【知识技能扩展】

电梯门系统和我们日常生活中见到的门有什么相同或相似？

任务 3　电梯门锁回路的构成及基本原理

【工作任务】

电梯门锁回路的构成及基本原理。

【任务目标】

（1）能够准确叙述出电梯门锁回路的基本构成及安装位置。
（2）能够识读电梯门锁回路图。
（3）掌握门锁回路的测量方法。

【任务要求】

通过对任务的学习，各小组能够准确叙述出电梯门锁回路的基本构成及安装位置；能够识读电梯门锁回路图；掌握电梯门锁回路的测量方法；树立牢固的安全意识与规范操作的良好习惯，任务完成后各小组能够根据电路图正确地测量电梯门锁回路。

【能力目标】

小组发挥团队合作精神搜集电梯门锁回路的构成及基本原理的相关资料、图片并展示。

【任务准备】

一、电梯门锁回路的基本构成

为保证安全，电梯必须在轿厢门和所有厅门全都关闭后才能运行。因此，在所有厅门及轿厢门上都装有门机械电气联锁开关。只有轿厢门和所有厅门的电气联锁开关在全部接通的情况下，控制屏的门锁继电器方能吸合，电梯才能运行，如图 4－18、图 4－19、图 4－20 所示。

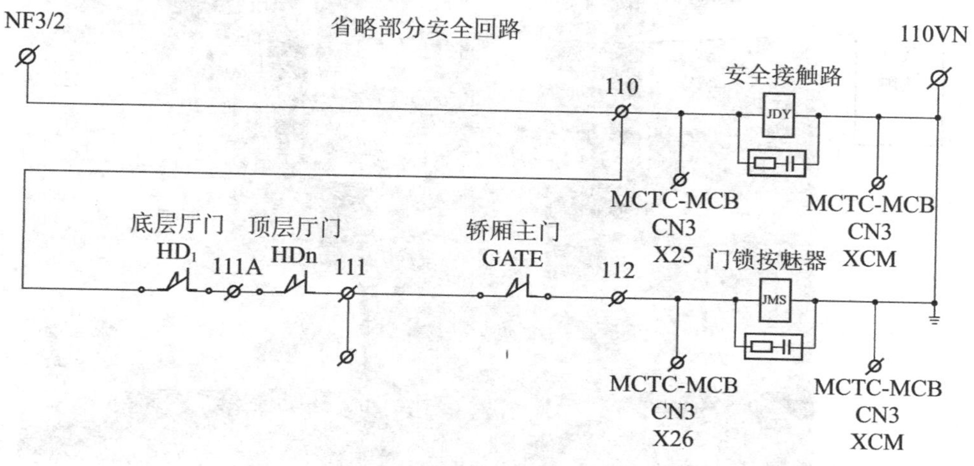

图 4－18　电梯门锁回路

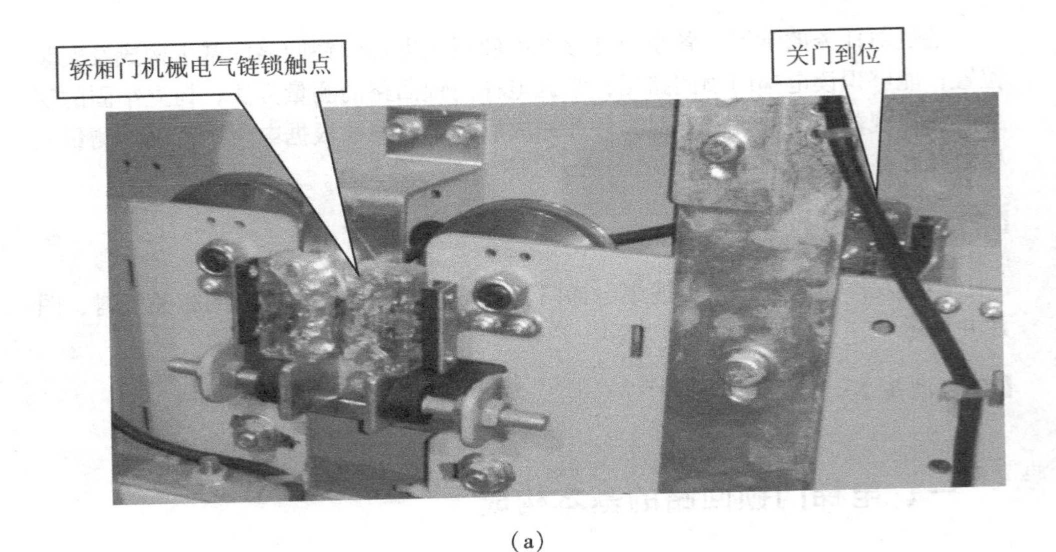

(a)

(b)

图 4－19　轿厢门电气连锁触点

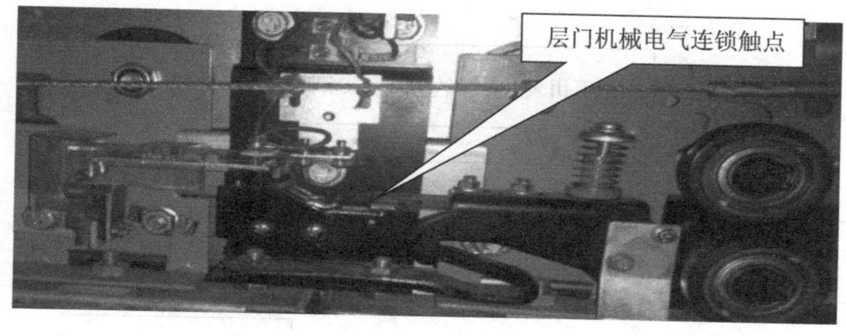

(a)

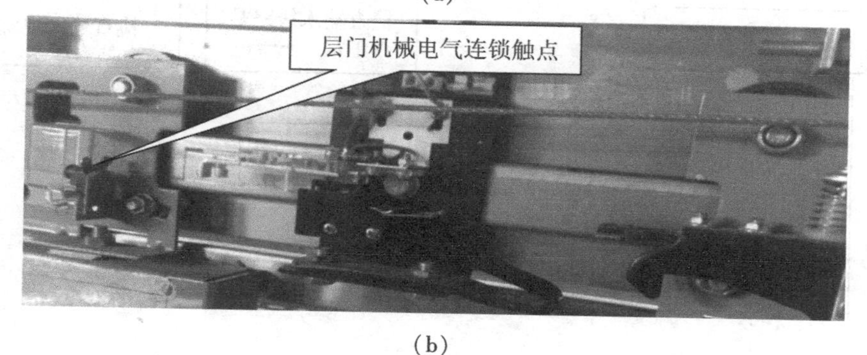

(b)

图4－20 层门机械电气连锁触点

二、电梯门锁回路的测量

在机房控制柜内找到接线端子110、111、111A、112及JMS（门锁接触器）。如图4－21、图4－22所示。

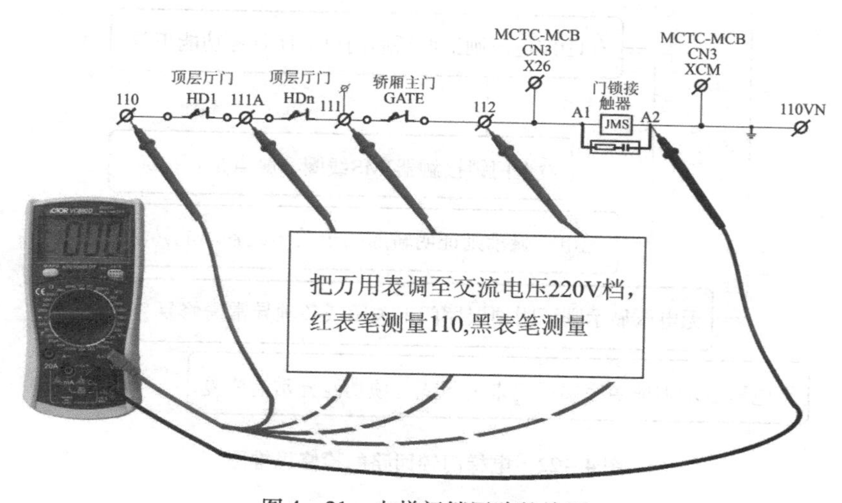

图4－21 电梯门锁回路的检测

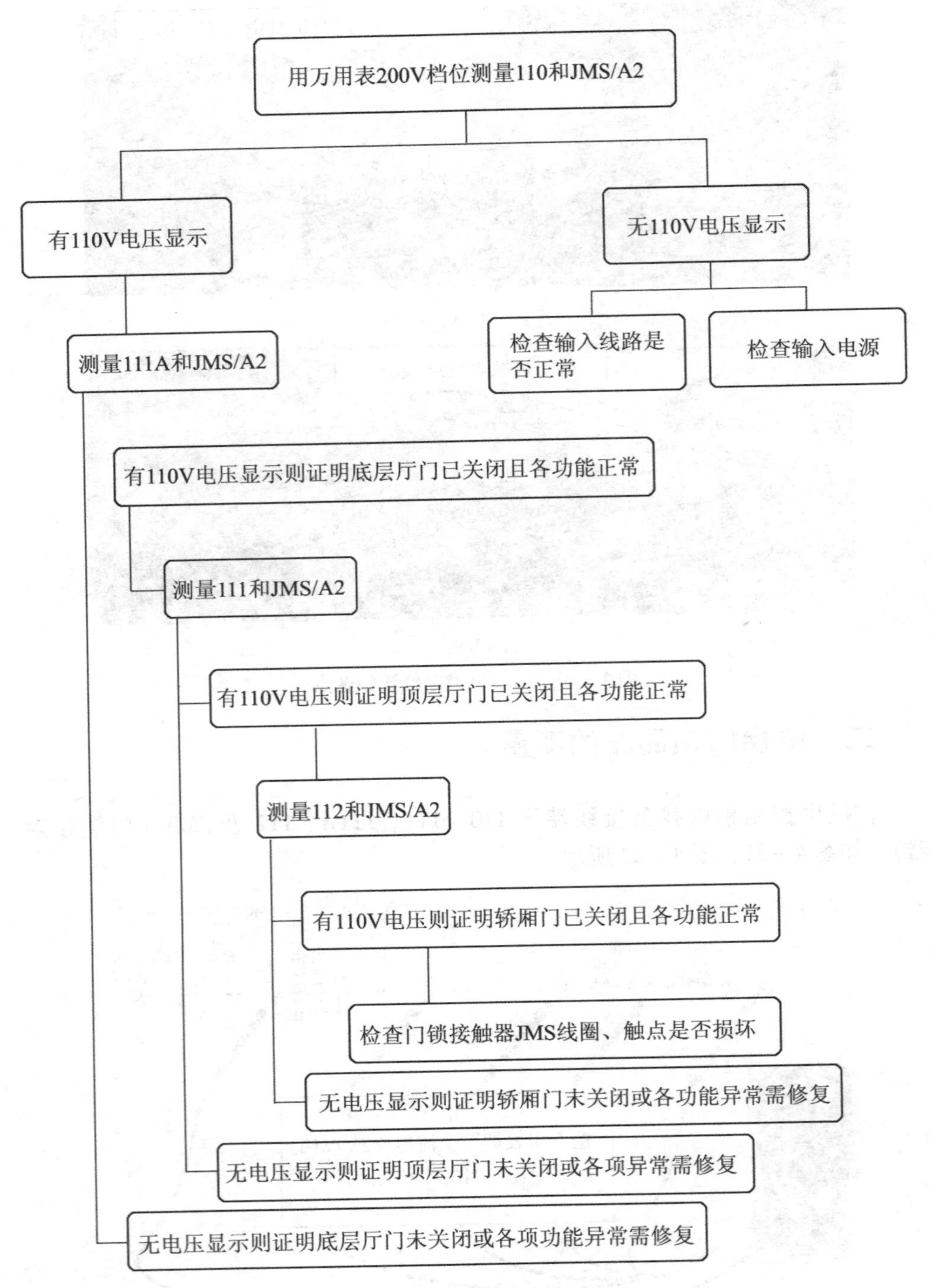

图4－22　电梯门锁回路的检修思维图

三、工具、材料的准备

为了完成工作任务，每个小组需要准备如表 4－11 所述的工具及材料。

表 4－11　电梯门锁回路的构成及基本原理所需工具及材料表

序号	机具及材料名称	型号规格	数量	单位	备注
1	电脑		1	台	
2	彩纸	8K（各色）	2	张	
3	笔记本		1	本	
4	水彩笔		1	盒	
5	铅笔		1	支	
6	签字笔		1	支	
7	数字万用表		1	套	
8	实训电梯		1	台	

【任务实施】

（一）资讯

为了更好地完成工作任务，请回答以下问题。

（1）电梯门锁回路是一条单独的电路与其他电路无任何联系。（　　）

（2）在对电梯检修过程中，可以选择短接门锁回路运行。（　　）

（3）什么是机械电气连锁触点？

（二）学习活动

1. 资料搜集

（1）电梯门锁回路的构成；

（2）电梯门锁回路的基本原理；

（3）电梯门锁回路的相关标准。

2. 小组讨论

每个小组通过搜集的资料进行讨论，验证资料的真实性、可靠性并完成表格 4－12。

表 4－12　电梯门锁回路的构成及基本原理讨论过程记录表

序号	讨论方向	讨论内容	讨论结果	备注
1	电梯门锁回路的构成			
2	电梯门锁回路的基本原理			
3	电梯门锁回路的相关标准			

（三）测量实训电梯门锁回路

1. 实训准备

准备表 4－13 所述的工具及劳保用品。

表 4－13　实训电梯门锁回路的测量所需工具及劳保用品

序号	工具名称	规格型号	数量
1	数字万用表		1 把
2	三角钥匙		1 把
3	安全帽		1
4	安全带		1
5	警示标志	机房电源箱挂牌、层站警示标志 ×2	3

2. 测量与调试

在教师的指导下，按照表 4－14 的要求，分组测量实训电梯门锁回路，并由教师指导进行调试。测量结果记录于表 4－14 中。

表 4－14　实训电梯门锁回路的测量与调整

测量项目	测量项目（内容）	测量数据 1	测量数据 2
门锁回路数据测量	1. 110 和 JMS/A2		
	2. 111A 和 JMS/A2		
	3. 111 和 JMS/A2		
	4. 112 和 JMS/A2		

【任务评价】

1. 成果展示

各组派代表上台总结完成任务的过程中，学会了哪些知识，展示学习成果，并叙述成果的由来。

2. 学生自我评价及反思

____

____

3. 小组评价及反思

____

____

4. 教师评估与总结

____

____

5. 各小组对工作岗位的“6S”处理

在小组和教师都完成工作任务总结后，各小组必须对自己的工作岗位进行“整理、整顿、清扫、清洁、安全、素养”的处理；归还工量具及剩余材料。

6. 评价表（表 4－15）

表 4－15　电梯轿厢门的构成及分类学习评价表（100 分）

序号	内容	配分	评分标准	扣分	得分	备注
1	授课过程	10	1. 上课时无故迟到（扣 1 ～ 4 分）			
			2. 上课时交头接耳（扣 1 ～ 2 分）			
			3. 上课时玩手机、打瞌睡（扣 1 ～ 8 分）			
2	工具材料准备	20	1. 工具材料未按时准备（扣 15 分）			
			2. 工具材料未准备齐全（扣 1 ～ 5 分）			
3	资料搜集	20	1. 未参与搜集资料（扣 15 分）			
			2. 资料搜集不齐全（扣 1 ～ 5 分）			
4	小组讨论	20	1. 未参与小组讨论（扣 15 分）			
			2. 小组讨论不积极（扣 1 ～ 5 分）			
5	门锁回路数据测量	20	1. 不按要求到实训场所进行参观（扣 30 分）			
			2. 数据测量与调整后记录完整性（扣 20 分）			
			3. 测量过程记录不详细（扣 10 分）			

（续表 4－15）

序号	内容	配分	评分标准	扣分	得分	备注
6	职业规范和环境保护	10	1. 在工作过程中工具和器材摆放凌乱（扣 4 ～ 5 分）			
			2. 不爱护设备、工具，不节省材料（扣 4 ～ 5 分）			
			3. 在工作完成后不清理现场，在工作中产生的废弃物不按规定处置，各扣 5 分（若将废弃物遗弃在课桌内的可扣 10 分）			
得分合计						
教师签名						

【知识技能扩展】

如果用万用表电阻挡怎么测量电梯门锁回路?

项目五　电梯曳引系统

【项目目标】

（1）了解电梯曳引驱动系统的原理。
（2）了解电梯曳引驱动系统的组成与分类。
（3）掌握曳引钢丝绳绳头制作。
（4）掌握曳引钢丝绳的检查与调整。
（5）了解曳引钢丝绳更换准则。
（6）培养作业人员良好的团队合作精神和职业素养。

【项目描述】

电梯曳引系统的主要功能是为设备提供动能，输送与传递动力使电梯正常运行。

本项目根据职业学校电梯专业教学的基本要求，设计了 4 个工作任务，通过完成这 4 个工作任务使学生能了解电梯曳引驱动系统的构成与分类、了解电梯曳引驱动原理、曳引钢丝绳及其部件的分类；掌握曳引钢丝绳绳头制作、曳引钢丝绳的检查与调整，并能树立牢固的安全意识与规范操作的良好习惯。

任务 1　电梯曳引驱动系统的构成与分类

【工作任务】

了解曳引驱动系统的结构、分类。

【任务目标】

了解曳引机的结构、型号标示方法。

【任务要求】

通过对任务的学习，各小组能够认识曳引机的结构、曳引机型号的标示方法、曳引机的基本技术要求；并能树立牢固的安全意识与规范操作的良好习惯。

【能力目标】

小组发挥团队合作精神，掌握曳引机的标示方法，了解曳引系统的结构。

【任务准备】

曳引驱动系统主要由曳引机、曳引钢丝绳、导向轮和反绳轮等组成，其作用是向电梯输送与传递动力，使电梯运行。曳引系统是电梯运行的根本，是电梯中的核心部分之一。传统的曳引驱动系统由减速箱、曳引轮、曳引电动机、制动器、联轴器、盘车手轮等组成，曳引电动机是电梯的动力设备，又称曳引机，如图 5－1 所示。

图 5－1　电梯曳引机

无减速箱曳引机没有减速箱，曳引电动机的动力直接传递到曳引轮上，如图 5－2 所示。

图 5－2　电梯无减速箱曳引机

一、曳引机的分类

1. 按驱动电动机分类

按驱动电动机划分，曳引机分为交流曳引机、直流曳引机、永磁同步曳引机三种。

2. 按有无减速箱分类

按有或没有减速箱划分，曳引机分为有减速箱曳引机和无减速箱曳引机两种。

1）有减速箱曳引机

有减速箱曳引机一般使用在运行速度不超过2m/s的各种交流双速和交流调速客梯、货梯及杂物梯上，为了减小齿轮减速器运行噪音，增加工作平稳性，多采用蜗轮蜗杆减速，具有工作平稳可靠、无冲击噪音、减速比大、反向自锁、体积小、结构紧凑等优点。由于蜗轮与蜗杆在运行时啮合相对滑动速度较大，润滑不良，齿面易磨损。近年来非蜗轮蜗杆减速器曳引机有了较大的发展，如采用行星齿轮减速器和齿轮减速器的曳引机，有效克服了蜗轮蜗杆减速器效率低、发热多的弱点，而且还提高了有齿轮曳引机电梯运行速度，使电梯额定速度超过了2m/s。

（1）蜗杆下置式曳引机。蜗轮蜗杆减速器根据蜗杆的位置可分为蜗杆上置和蜗杆下置两种。蜗杆下置具有蜗轮蜗杆啮合面润滑较好的优点，但对蜗杆两端在减速箱支撑处的密封要求较高，容易出现蜗杆两端漏油的故障，同时曳引轮位置较高，不便于降低曳引机重心。如图5－3所示。

图5－3　蜗杆下置式曳引机

（2）蜗杆上置式曳引机。如图5－4所示为蜗杆上置式曳引机。蜗杆轴线位于蜗轮上方，曳引轮位置得以下降，曳引机整体重心降低，减速箱整体密封情况好转，但蜗杆与蜗轮的啮合面间润滑变差，磨损相对严重。

图5－4　蜗杆上置式曳引机

(3) 行星齿轮减速器曳引机。行星齿轮减速器具有结构紧凑、减速比大、传动平稳性和抗冲击能力优于斜齿轮传动、噪声小等优点，具有维护要求简单、润滑方便、寿命长的特点，目前得到较为广泛的应用，如图5－5所示。

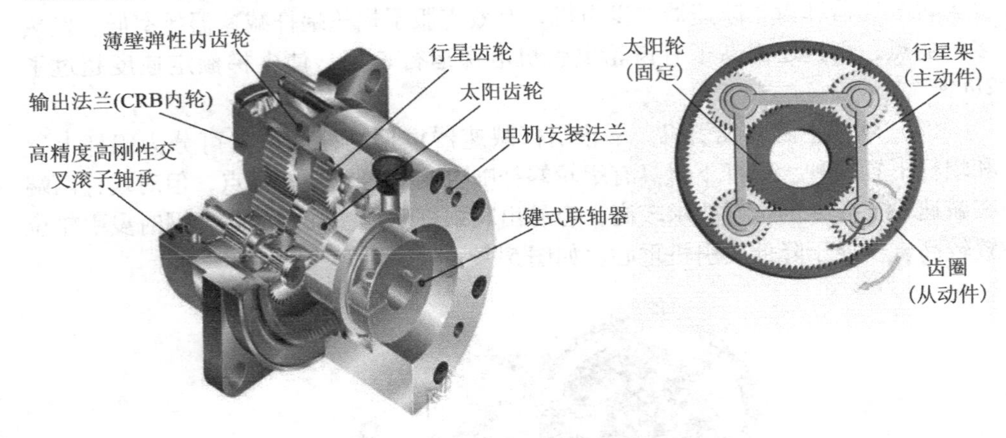

图5－5　行星齿轮减速箱

2）无减速箱曳引机

无减速箱曳引机（无齿轮曳引机）即取消了齿轮减速器，将曳引电动机与曳引轮直接相连，中间位置安装制动器的曳引机。此类曳引机一般多用于轿厢运行速度大于2m/s的高速电梯上，其曳引轮安装在曳引电动机轴上，没有机械减速装置，机构简单。

由于没有齿轮减速器的增扭作用，此类曳引机制动器工作时所需要的制动力矩比有齿轮曳引机大许多，所以无减速箱曳引机中体积最大的就是制动器。加之无齿轮曳引机多用于复绕式结构，所以曳引轮轴轴承的受力要远大于有齿轮曳引机，相应轴的直径也较大。

无齿轮曳引机优点：①高效节能，驱动系统动态性能优良；②没有齿轮传动时的功率损耗，机械效率高；③由于低速直接驱动，故轴承噪声低，无风扇和齿轮传动噪声，噪声一般可降低5～10dB(A)，运转平稳可靠；④无齿轮减速箱，无激磁绕组，体积小，重量轻，可实现小机房或无机房配置，降低建筑成本，减小保养维护工作量；⑤使用寿命长，安全可靠，同时维护保养简单。

如图5-6所示是当前常见的无齿轮曳引机结构及外形图。

图5-6　永磁同步无齿轮曳引机

对于永磁同步无齿轮曳引机，最大的问题是价格较昂贵，且由于低速电机的效率低（远低于普通异步电机），同时对于电机变频器和编码器的要求提高，电机维修难度大，一旦出故障，必须拆下送回工厂修理，给推广使用带来不利的影响。

二、曳引机型号标示方法

曳引机是电梯的主要部件之一，电梯的额定载荷、运行速度等主要参数直接与曳引机转速、减速箱速比、曳引轮直径、曳引比等相关。关于曳引机重要参数及型号编制、技术要求等在GB/T 13435—92《电梯曳引机》中做出了规定。

1. 曳引机型号编制

曳引机型号编制由类、组、型、特性、主参数和变型更新代号组成，如图5-7所示。

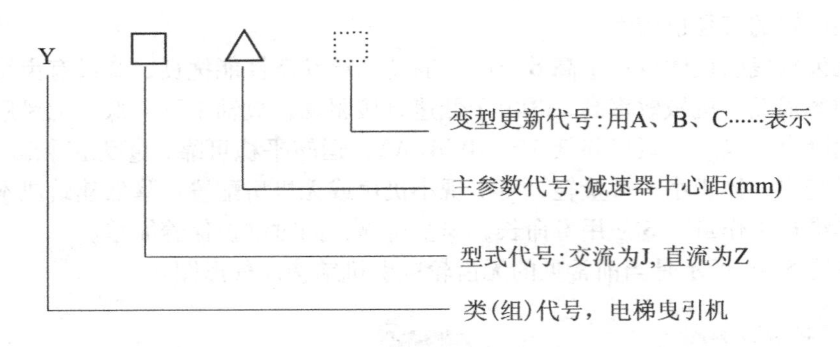

图5－7 曳引机型号编制

标记示例：交流电动机驱动，减速器输出轴中心距为250mm，第一次改进更新的电梯曳引机，其编号标示如下：

电梯曳引机 YJ250A GB/T 13435—92

需要注意的是，由于技术发展的速度很快，已经出现了许多新的产品是标准中未列出或无法对应的，同时大量国外的电梯企业及合资企业在国内市场上推广产品，它们往往采用国外的型号编制方法，所以我们在工作学习中，要特别注意仔细查阅相关产品的技术文件，切勿产生误会。

2. 曳引机基本参数系列

（1）曳引机额定速度（m/s）系列如下：

0.63、1.00、1.25、1.60、2.00、2.50等。

（2）曳引机额定载重量（kg）系列如下：

400、630、800、1000、1250、1600、2000、2500等。

（3）减速器中心距（mm）系列如下：

125、160、200、250、315、400等。

3. 曳引机基本技术要求

（1）曳引机工作条件应满足：①海拔高度不超过1000m；②机房内的空气温度应保持在5～40℃之间；③环境相对湿度月平均值最高不大于90%，同时该月月平均最低温度不高于25℃；④供电电压波动与额定值偏差不超过±7%；⑤环境空气不含有腐蚀性和易燃性气体。

（2）曳引机制动应可靠，在电梯整机上，平衡系数为0.40，轿厢内加上150%额定载重量，历时10min，制动轮与制动闸瓦之间应无打滑现象。

（3）制动器的最低起动电压和最高释放电压应分别低于电磁铁额定电压的80%和55%，制动器开启迟滞时间不超过0.8s。制动器线圈耐压试验时，导电部分对地施加1000V电压，历时1min，不得有击穿现象。

（4）制动器部件的闸瓦组件应分两组装设，如果其中一组不起作用，制动轮上仍能获得足够的制动力，使载有额定载重量的轿厢减速。

（5）曳引机在检验平台上空载高速运行时，A 计权声压级的噪声测量表面平均值应不超过表 5－1 规定动作；低速时，噪声值应低于高速时噪声值。

表 5－1　曳引机噪声限值

单位：dB（A）

项目		合格品	一等品	优等品
空载噪声	带风机	70	68	66
	无风机	68	65	62

三、工具、材料的准备

为了完成工作任务，每个小组需要准备如表 5－2 所述的工具及材料。

表 5－2　电梯曳引机结构所需工具及材料表

序号	工具名称	型号规格	数量	单位	备注
1	曳引机		1	台	
2	万用表		1	个	
3	一字螺丝刀		1	个	
4	笔记本		1	本	
5	签字笔		1	支	

【任务实施】

（一）资讯

为了更好地完成工作任务，请回答以下问题。

（1）曳引驱动系统主要由__________、曳引钢丝绳、导向轮和______等组成，其作用是向电梯输送与传递动力，使电梯运行。

（2）按驱动电动机划分，曳引机分为__________、__________、永磁同步曳引机三种。

（3）按有或没有减速箱划分，曳引机分为__________和__________两种。

（二）学习活动

1. 资料搜集

（1）曳引机型号标示方法；

（2）曳引机基本技术要求；

(3) 无齿轮曳引机优点。

2. 小组讨论

每个小组通过搜集的资料进行讨论，验证资料的真实性、可靠性并完成表格5－3。

表5－3 曳引系统讨论过程记录表

序号	讨论方向	讨论内容	讨论结果	备注
1	电梯的曳引系统的组成	曳引机的作用		
		曳引机的分类		
2	电梯的曳引机	曳引机的标示方法		

(三) 实训活动

1. 实训准备

(1) 指导教师先到电梯所在场所“踩点”。了解周边环境，事先做好预案（参观路线、学生分组等）。

(2) 对学生进行参观前的安全教育。

2. 参观活动

(1) 组织学生到相关实训场所参观电梯，将观察结果记录于表5－4中（也可自行设计记录表）。

表5－4 实训电梯参观记录

电梯类型	客梯；货梯；客货两用梯；观光梯；特殊用途电梯；自动扶梯；自动人行道
安装位置	
主要用途	载客；货运；观光；其他用途
楼层数	
载重量	
曳引机形式	
有无减速箱	
曳引机额定速度	______m/s
减速箱中心距	主轨　　　　辅轨

3. 参观总结

学生分组，每个人口述所参观的电梯曳引机类型、参数等。

【任务评价】

1. 成果展示

各组派代表上台总结完成任务的过程中，学会了哪些知识，展示学习成果，并叙述成果的由来。

2. 学生自我评价及反思

____

____

3. 小组评价及反思

____

____

4. 教师评估与总结

____

____

5. 各小组对工作岗位的“6S”处理

在小组和教师都完成工作任务总结后，各小组必须对自己的工作岗位进行“整理、整顿、清扫、清洁、安全、素养”的处理；归还工量具及剩余材料。

6. 评价表（表5－5）

表5－5　电梯曳引系统学习评价表（100分）

序号	内容	配分	评分标准	扣分	得分	备注
1	授课过程	10	1. 无故迟到（扣1～4分）			
			2. 上课时交头接耳（扣1～2分）			
			3. 上课时玩手机、打瞌睡（扣1～4分）			
2	工具材料准备	20	1. 工具材料未按时准备（扣15分）			
			2. 工具材料未准备齐全（扣1～5分）			
3	资料搜集	20	1. 未参与搜集资料（扣15分）；			
			2. 资料搜集不齐全（扣1～5分）			
4	小组讨论	20	1. 未参与小组讨论（扣15分）			
			2. 小组讨论不积极（扣1～5分）			
5	实训活动	20	1. 未参与参观活动（扣15分）			
			2. 参观活动过程记录不清晰（扣1～5分）			
			3. 参观活动过程中不听从指导老师指挥（扣20分）			

（续表 5 – 5）

序号	内容	配分	评分标准	扣分	得分	备注
6	职业规范和环境保护	10	1. 在工作过程中工具和器材摆放凌乱（扣 4 ～ 5 分）			
			2. 不爱护设备、工具，不节省材料（扣 4 ～ 5 分）			
			3. 在工作完成后不清理现场，在工作中产生的废弃物不按规定处置，各扣 5 分（若将废弃物遗弃在课桌内的可扣 10 分）			
得分合计						
教师签名						

【知识技能扩展】

曳引驱动系统原理与日常生活中哪一种现象相似？

任务 2　电梯曳引驱动原理

【工作任务】

了解电梯曳引驱动系统原理。

【任务目标】

了解影响曳引力的有关因素。

【任务要求】

通过对任务的学习，各小组能够认识电梯曳引机的驱动原理、影响包角大小的常见绕法；并能树立牢固的安全意识与规范操作的良好习惯。

【能力目标】

小组发挥团队合作精神，掌握曳引驱动系统的原理。

【任务准备】

一、曳引驱动工作原理

曳引式电梯曳引驱动关系如图 5－8 所示。安装在机房的电动机与减速箱、制动器等组成曳引机，是曳引驱动的动力。曳引钢丝绳通过曳引轮一端连接轿厢，一端连接对重装置。为使井道中的轿厢与对重各自沿井道中导轨运行而不相蹭，曳引机上放置一导向轮使二者分开。轿厢与对重装置的重力使曳引钢丝绳压紧在曳引轮槽内产生摩擦力。这样，电动机转动带动曳引轮转动，驱动钢丝绳，拖动轿厢和对重作相对运动。即轿厢上升，对重下降；对重上升，轿厢下降。于是，轿厢在井道中沿导轨上、下往复运行，电梯执行垂直运送任务。

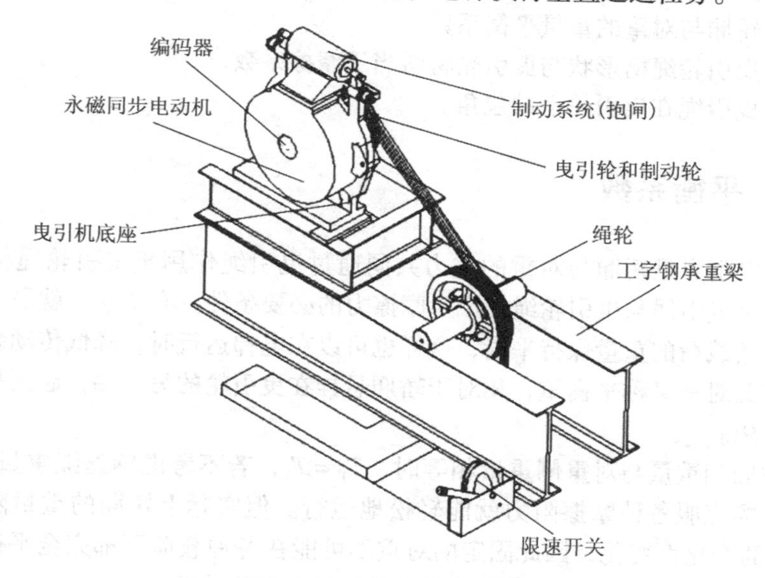

图 5－8　曳引机曳引驱动关系

轿厢与对重能做相对运动是靠曳引绳和曳引轮间的摩擦力来实现的。这种力就叫曳引力或驱动力。

运行中电梯轿厢的载荷和轿厢的位置以及运行方向都在变化。为使电梯在各种情况下都有足够的曳引力，国家标准 GB 7588—1995《电梯制造与安装安全规范》规定：

曳引条件必须满足

$$T_1/T_2 \times C_1 \times C_2 \leqslant e^{f\alpha} \qquad (5-1)$$

式中，T_1/T_2 为载有 125% 额定载荷的轿厢位于最低层站及空轿厢位于最高层站的两种情况下，曳引轮两边的曳引绳较大静拉力与较小静拉力之比。

C_1 为与加速度、减速度及电梯特殊安装情况有关的系数，一般称为动力系数或加速系数。（$C_1=\frac{g+\alpha}{g-\alpha}$。$g$：重力加速度；$\alpha$：轿厢制动减速度；e：自然对数的底）。

C_2 为由于磨损导致曳引轮槽断面变化的影响系数（对半圆或切口槽：$C_2=1$，对V型槽：$C_2=1.2$）。

$e^{f\alpha}$中，f为曳引绳在曳引槽中的当量摩擦系数，α为曳引绳在曳引导轮上的包角。$e^{f\alpha}$称为曳引系数。它限定了T_1/T_2的比值，$e^{f\alpha}$越大，则表明了T_1/T_2允许值和T_1-T_2允许值越大，也就表明电梯曳引能力越大。因此，一台电梯的曳引系数代表了该台电梯的曳引能力。

可以看出，曳引力与下述几个因素有关：

（1）轿厢与对重的重量平衡系数；

（2）曳引轮绳槽形状与曳引轮材料当量摩擦系数；

（3）曳引绳在曳引轮上的包角。

二、平衡系数

由于曳引力是轿厢与对重的重力共同通过曳引绳作用于曳引轮绳槽上产生的，对重是曳引绳与曳引轮绳槽产生摩擦力的必要条件。有了它，就易于使轿厢重量与有效载荷的重量保持平衡，这样也可以在电梯运行时，降低传动装置功率消耗。因此对重又称平衡重，相对于轿厢悬挂在曳引轮的另一端，起到平衡轿厢重量的作用。

当轿厢侧重量与对重侧重量相等时，$T_1=T_2$，若不考虑钢丝绳重量的变化，曳引机只需克服各种摩擦阻力就能轻松地运行。但实际上轿厢的重量随着货物（乘客）的变化而变化，因此固定的对重不可能在各种载荷下都完全平衡轿厢的重量。因此对重的轻重匹配将直接影响到曳引力和传动功率。

为使电梯满载和空载情况下，其负载转矩绝对值基本相等，国标规定平衡系数$K=0.4\sim0.5$，即对重平衡40%～50%额定载荷。故对重侧的总重量应等于轿厢自重加上0.4～0.5倍的额定载重量。此0.4～0.5即为平衡系数。

当$K=0.5$时，电梯在半载时，其负载转矩为零。轿厢与对重完全平衡，电梯处于最佳工作状态。而电梯负载自空载（空载）至额定载荷（满载）之间变化时，反映在曳引轮上的转矩变化只有±50%，减少了能量消耗，降低了曳引机的负担。

三、曳引绳在曳引轮上的包角

包角是指曳引绳绕过曳引轮接触点所对应的圆心角，常用α来表示。包角计算示意图如图5－9所示，包角的大小直接影响曳引力的大小。其它参数都相同的情况下，包角越大，曳引力越大，提高了电梯的安全性。

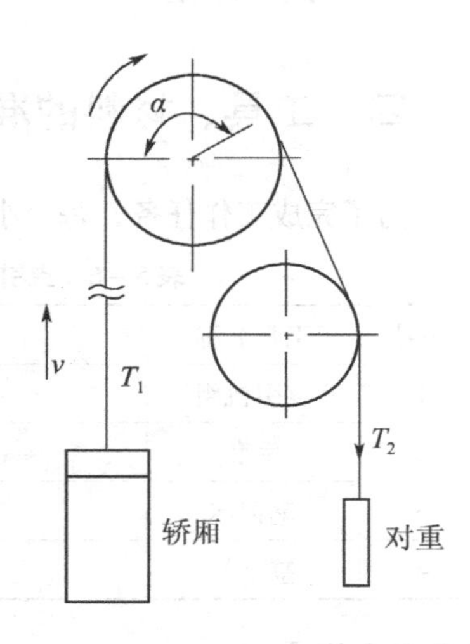

图5－9　曳引轮包角

钢丝绳在曳引轮上绕的次数可分单绕和复绕，单绕时钢丝绳在曳引轮上只绕过一次，其包角小于或等于180°，而复绕时钢丝绳在曳引轮上绕过两次，其包角大于180°。

常用的绕法有：

（1）1∶1绕法。曳引轮的线速度与轿厢升降速度之比为1∶1，如图5－10所示。

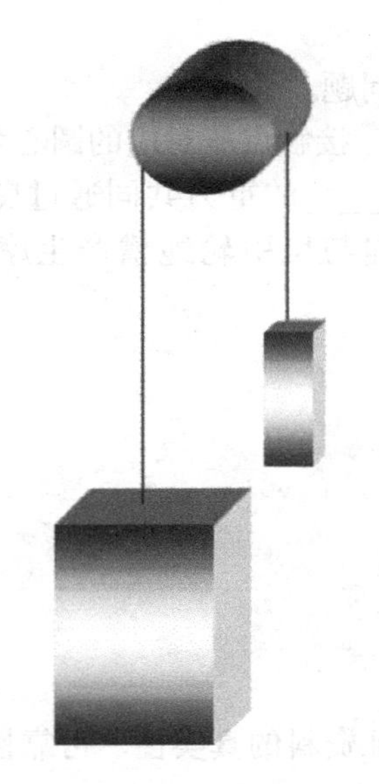

图5－10　电梯钢丝绳1∶1绕法

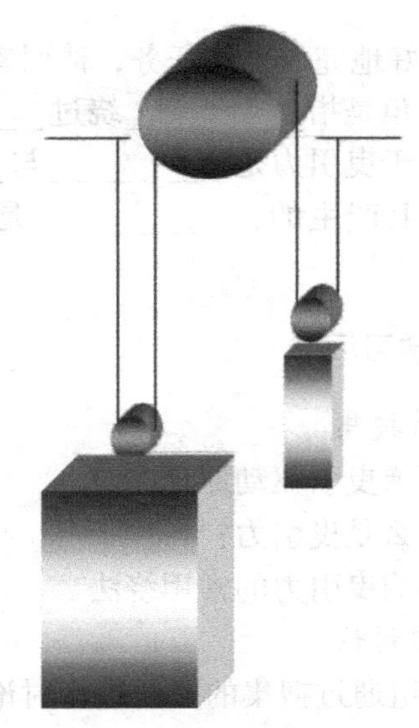

图5－11　电梯钢丝绳2∶1绕法

（2）2∶1绕法。曳引轮的线速度与轿厢升降速度之比为2∶1，如图5－11所示。

四、工具、材料的准备

为了完成工作任务，每个小组需要准备如表5－6所述的工具及材料。

表5－6　曳引驱动原理的分析所需工具及材料表

序号	工具名称	型号规格	数量	单位	备注
1	曳引机组		1	套	
2	手套		1	套	
3	笔记本		1	本	
4	签字笔		1	支	

【任务实施】

（一）资讯

为了更好地完成工作任务，请回答以下问题。

（1）包角是指__________绕过__________接触点所对应的圆心角。

（2）由于曳引力是__________与__________的重力共同通过曳引绳作用于曳引轮绳槽上产生的，__________是曳引绳与曳引轮绳槽产生摩擦力的必要条件。

（二）学习活动

1. 资料搜集

（1）电梯曳引驱动原理。

（2）什么是曳引力？

（3）影响曳引力的常用绕法。

2. 小组讨论

每个小组通过搜集的资料进行讨论，验证资料的真实性、可靠性并完成表格5－7。

表5－7　电梯曳引驱动原理讨论过程记录表

序号	讨论方向	讨论内容	讨论结果	备注
1	电梯曳引驱动原理	什么是曳引力		
		常用绕法		
2	包角	包角的改变		

（三）实训活动

1．实训准备

（1）指导教师先到电梯所在场所“踩点”。了解周边环境，事先做好预案（参观路线、学生分组等）。

（2）对学生进行参观前的安全教育。

2．参观活动

组织学生到相关实训场所参观电梯，将观察结果记录于表5－8中（也可自行设计记录表）。

表5－8　实训电梯参观记录

电梯类型	客梯；货梯；客货两用梯；观光梯；特殊用途电梯；自动扶梯；自动人行道
安装位置	
主要用途	载客；货运；观光；其他用途：
曳引比	
曳引轮包角	
曳引机形式	

3．参观总结

学生分组，每个人口述所参观的电梯曳引比、包角等。

【任务评价】

1．成果展示

各组派代表上台总结完成任务的过程中，学会了哪些知识，展示学习成果，并叙述成果的由来。

2．学生自我评价及反思

____

____

3．小组评价及反思

____

____

4．教师评估与总结

____

____

5. 各小组对工作岗位的"6S"处理

在小组和教师都完成工作任务总结后，各小组必须对自己的工作岗位进行"整理、整顿、清扫、清洁、安全、素养"的处理；归还工量具及剩余材料。

6. 评价表（表5-9）

表5-9 电梯曳引驱动原理学习评价表（100分）

序号	内容	配分	评分标准	扣分	得分	备注
1	授课过程	10	1. 授课时无故迟到（扣1～4分）			
			2. 授课时交头接耳（扣1～2分）			
			3. 授课时玩手机、打瞌睡（扣1～4分）			
2	工具材料准备	20	1. 工具材料未按时准备（扣15分）			
			2. 工具材料未准备齐全（扣1～5分）			
3	资料搜集	20	1. 未参与搜集资料（扣15分）			
			2. 资料搜集不齐全（扣1～5分）			
4	小组讨论	20	1. 未参与小组讨论（扣15分）			
			2. 小组讨论不积极（扣1～5分）			
5	实训活动	20	1. 未参与参观活动（扣15分）			
			2. 参观活动过程记录不清晰（扣1～5分）			
			3. 参观活动过程中不听从指导老师指挥（扣20分）			
6	职业规范和环境保护	10	1. 在工作过程中工具和器材摆放凌乱（扣4～5分）			
			2. 不爱护设备、工具，不节省材料（扣4～5分）			
			3. 在工作完成后不清理现场，在工作中产生的废弃物不按规定处置，各扣5分（若将废弃物遗弃在课桌内的可扣10分）			
得分合计						
教师签名						

【知识技能扩展】

曳引机与我们日常生活中哪些设备的电动机相似？

任务3　曳引钢丝绳及其分类

【工作任务】

了解曳引钢丝绳的结构、分类。

【任务目标】

了解曳引钢丝绳的性能要求。

【任务要求】

通过对任务的学习，各小组能够认识曳引钢丝绳的结构、性能要求；并能树立牢固的安全意识与规范操作的良好习惯。

【能力目标】

小组发挥团队合作精神，了解曳引钢丝绳的结构、性能要求、使用寿命分析。

【任务准备】

一、电梯曳引钢丝绳

曳引钢丝绳也称曳引绳，电梯专用钢丝绳联接轿厢和对重，并靠曳引机驱动使轿厢升降。它承载着轿厢、对重装置、额定载重量等重量的总和。曳引机在机房穿绕曳引轮、导向轮，一端联接轿厢，另一端联接对重装置。

二、曳引钢丝绳的结构、材料要求

曳引钢丝绳一般为圆形股状结构，主要由钢丝、绳股和绳芯组成，如图5－12、5－13所示。钢丝是钢丝绳的基本组成件，要求钢丝有很高的强度和韧性（含挠性）。

图5－12　钢丝绳外形

图 5-13　钢丝绳横截面

钢丝绳股由若干根钢丝捻成，钢丝是钢丝绳的基本强度单元。股数多，疲劳强度就高，电梯一般是用6股。如图5-14、图5-15所示。

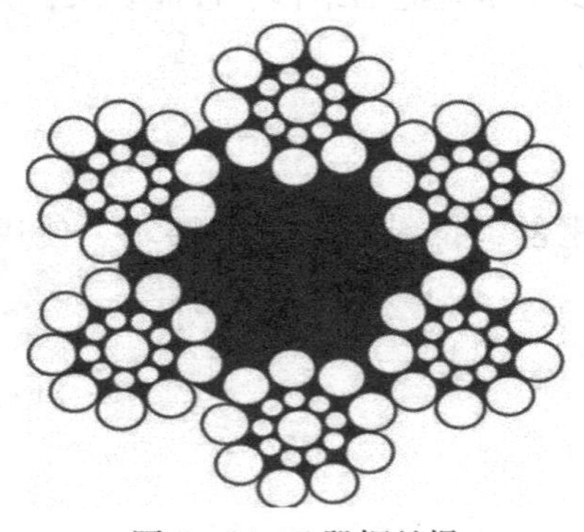

图 5-14　6股钢丝绳

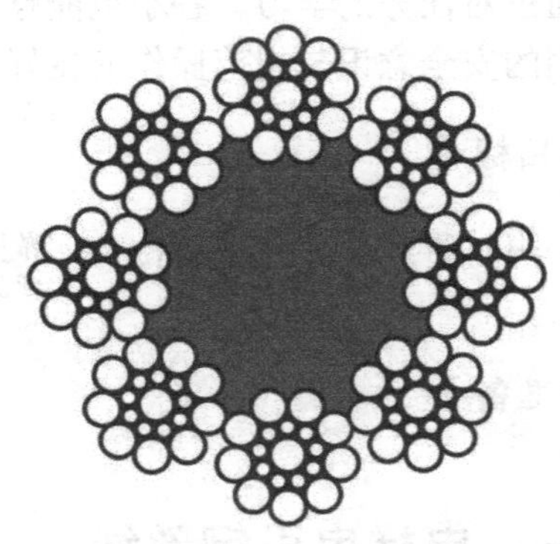

图 5-15　8股钢丝绳

绳芯是被绳股所缠绕的挠性芯棒，通常由纤维剑麻或聚烯烃类（聚丙烯或聚乙烯）的合成纤维制成，能起到支承和固定绳的作用，且能贮存润滑剂。

钢丝绳中的钢丝的材料由含碳量为0.4%～1%的优质钢制成，为了防止脆性，材料中的硫、磷等杂质的含量不应大于0.035%。

三、曳引钢丝绳的性能要求

由于曳引绳在工作中受反复的弯曲，且在绳槽中承受很高的比压，并频繁承受电梯起、制动时的冲击。因此在强度、挠性及耐磨性方面，均有很高要求。

1. 强度

对曳引绳的强度要求，体现在静载安全系数上。

静载安全系数　$K_{静} = Pn/T$

式中：$K_{静}$——钢丝绳的静载安全系数；

P——钢丝绳的最小破断拉力（N）；

n——钢丝绳根数；

T——作用在轿厢侧钢丝绳上的最大静荷力（N）。

T = 轿厢自重 + 额定载重 + 作用于轿厢侧钢丝绳的最大自重。

对于 $K_{静}$，我国规定大于12。

从使用安全的角度看，曳引绳强度要求的内容还应加上对钢丝根数的要求。我国规定不少于3根。

2. 耐磨性

电梯在运行时，曳引绳与绳槽之间始终存在着一定的滑动，而产生摩擦，因此要求曳引绳必须有良好的耐磨性。钢丝绳的耐磨性与外层钢丝的粗度有很大关系，因此曳引绳多采用外粗式钢丝绳，外层钢丝的直径一般不少于0.6mm。

3. 挠性

良好的挠性能减少曳引绳在弯曲时的应力，有利于延长使用寿命，为此，曳引绳均采用纤维芯结构的双挠绳。

四、曳引钢丝绳主要规格参数与性能指标

主要规格参数：公称直径，指绳外围最大直径。

主要性能指标：破断拉力及公称抗拉强度。

（1）破断拉力——指整条钢丝绳被拉断时的最大拉力，是钢丝绳中钢丝的组合抗拉能力，决定于钢丝绳的强度和绳中钢丝的填充率。

（2）破断拉力总和——钢丝在未被缠绕前抗拉强度的总和。但钢丝绳一经缠绕成绳后，由于弯曲变形，使其抗拉强度有所下降，因此两者间关系有一定比例。

$$破断拉力 = 破断拉力总和 \times 0.85 \quad (5-2)$$

（3）钢丝绳公称抗拉强度——指单位钢丝绳截面积的抗拉能力。

五、曳引钢丝绳的标记方法及有关技术数据

1. 标记方法

钢丝绳的标记按GB 8903—88方法规定：

如结构为8×19西鲁式，绳芯为天然纤维芯，直径为13mm，钢丝公称抗拉强度为1370/1770(1500)N/mm^2，双强度配制，捻制方法为右交互捻的电梯钢丝绳标记为：

电梯钢丝绳：8×19S + NF—13—1500(双)右交—GB8903—88

2. 有关标记中的名词解释

（1）西鲁式

西鲁式又称外粗式钢丝绳（代号为S），绳股以一根粗钢丝为中心，周围布

以细钢丝，并在两层两条钢丝间的沟槽中多布置一条粗钢丝，内外层钢丝数量相等，粗细不同，由于外层钢丝粗于内层，因此被称为外粗式。这种绳挠性较差，对弯曲的半径要求大，其优点是外粗耐磨性好。由于电梯要求钢丝绳具有高的耐磨性，因此在电梯上应用最广泛。我国电梯用钢丝绳常用西鲁式结构。

钢丝绳结构除了西鲁式外，还有瓦林吞式和填充式。

（2）右交互捻

钢丝绳由于是多股的，因此在股与丝的捻向和捻法上有所不同。捻指钢丝在股中或股在绳中的捻制螺旋方向，分为右捻和左捻。

右捻：把钢丝绳成股竖起来观察，螺旋线从中心线左侧开始向上、向右旋转的为右捻，如图 5－16 所示。

图 5－16　右捻

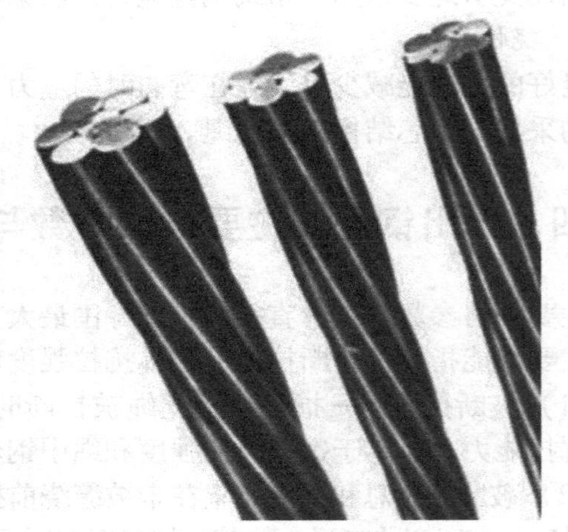

图 5－17　左捻

左捻：螺线从中心线右侧开始向上、向左旋转的为左捻，如图 5－17 所示。

捻法指股的捻向与绳的捻向相互搭配的方法，有交互捻和同向捻之分。

交互捻：股的捻向与绳的捻向相反，又称逆捻（或称交绕）。

同向捻：股的捻向与绳的捻向相同，又称顺捻（或称顺绕）。

交互捻绳由于绳与股的扭转趋势相反，相互抵消，不易松散，在使用中没有扭转打结趋势，因此可用于悬挂的场合。

同向捻绳的耐磨性挠性比交互捻绳好，但有扭转趋势，容易打结，且易松散，因此通常用于两端等固定的场所，如牵引式运行小车的牵引绳。

电梯是以悬挂式使用钢丝绳的，因此必须使用交互捻绳，一般为右交互捻。

六、曳引钢丝绳使用寿命分析

影响钢丝绳寿命与以下几个方面有关：

（1）拉伸荷力。运行中的动态拉力对钢丝绳的寿命影响很大，同时各钢丝绳的荷载不均匀也是影响寿命的重要方面，如果钢丝绳中的拉伸荷载变化为20%时，则钢丝绳的寿命变化达30%～200%。

（2）弯曲。电梯运行中，钢丝绳上上下下经历的弯曲次数是相当多的，由于弯曲应力是反复应力，将会引起钢丝绳的疲劳，影响寿命，而弯曲应力与曳引轮的直径成反比，所以曳引轮、反绳轮的直径不能小于钢丝绳直径的40倍。

（3）曳引轮槽型和材质，好的绳槽形状使钢丝绳在绳槽上有良好的接触，使钢丝产生最小的外部和内部压力，能延长使用寿命。另外，钢丝绳的压力与钢丝绳和绳槽的弹性模量有关，如绳槽采用较软的材料，则钢丝绳具有较长的寿命。但应注意的是，在外部钢丝绳应力降低的情况下，磨损将转向钢丝绳的内部。

（4）腐蚀。在不良的环境下，内部和外部的腐蚀会使钢丝绳的寿命显著降低、横截面减小，进而使钢丝绳磨损加剧。特别要注意的是麻质填料解体或水和尘埃渗透到钢丝绳内部而引起的腐蚀，对钢丝绳寿命影响更大。

除此之外，电梯的安装质量、维护好坏、钢丝绳的注油情况等都会影响到钢丝绳的寿命。另外，钢丝绳本身的性能指标、直径大小和捻绕形式等也都会影响钢丝绳的寿命。因此，必须给予注意。

七、钢丝绳的更换准则

一般可以从以下四个方面来考虑：①大量出现断裂的钢丝绳；②磨损与钢丝绳的断裂同时产生和发展；③表面和内部产生腐蚀，特别是内产腐蚀，可以用磁力探伤机检查；④钢丝绳使用的时间已相当长，当然不能一概而论，一般安全期最少要有一年，如已经使用3～5年就值得考虑，要正确地判定时间，还需从定期检查的记录中进行分析判断。

综上所述，如发现钢丝绳有下列情况之一时，应及时更换（以8股、每股19丝的钢丝绳来讲）。并注意新换的钢丝绳应与原钢丝绳同规格型号。

（1）断丝在各绳股之间均布。在一个捻距内的最大断丝数超过32根（约为钢丝绳总丝数的20%）。

（2）断丝集中在一或二个绳股中。在一个捻距内的最大断丝数超过16根（约为钢丝绳总丝数的10%）。

（3）曳引绳磨损后其直径小于或等于原钢丝绳公称直径的90%。

（4）曳引绳表面的钢丝有较大磨损或腐蚀。（注：假如磨损与腐蚀量为钢丝直径原始的40%及以上时，曳引绳必须报废。）

（5）曳引绳锈蚀严重，点蚀麻坑形成沟纹，外层钢丝绳松动，不论断丝数或绳径变细多少，必须更换。

八、工具、材料的准备

为了完成工作任务，每个小组需要准备如表5－10所述的工具及材料。

表5－10 电梯曳引钢丝绳的学习所需工具及材料表

序号	工具名称	型号规格	数量	单位	备注
1	曳引钢丝绳		1	条	
2	手套		1	套	
3	钢丝钳		1	个	
4	笔记本		1	本	
5	签字笔		1	支	
6	弹簧拉力计	25kg	1	台	

【任务实施】

（一）资讯

为了更好地完成工作任务，请回答以下问题。

（1）曳引钢丝绳也称曳引绳，电梯专用钢丝绳联接_______和________，并靠曳引机驱动使轿厢升降。

（2）曳引钢丝绳一般为圆形股状结构，主要由_____、_____和_____组成。

（二）学习活动

1. 资料搜集

（1）曳引钢丝绳使用寿命分析；

（2）曳引钢丝绳更换准则。

2. 小组讨论

每个小组通过搜集的资料进行讨论，验证资料的真实性、可靠性并完成表格5－11。

表5－11 曳引钢丝绳的学习讨论过程记录表

序号	讨论方向	讨论内容	讨论结果	备注
1	曳引钢丝绳的组成	曳引钢丝绳的作用		
		曳引铜线绳的分类		
2	曳引钢丝绳的使用	曳引钢丝绳寿命分析与更换准则		

（三）实训活动

1. 实训准备

（1）在指导教师指导下对实训电梯钢丝绳拉力测试。

（2）对学生进行实训前的安全教育。

2. 实训活动

组织学生到相关实训场所进行实训，将实训过程记录于表 5－12 中（也可自行设计记录表）。

表 5－12 实训电梯钢丝绳拉力测试记录

序号	测量位置	测量数据	备注
1			
2			
3			
4			
5			
6			
7			
8			
9			

3. 实训总结

学生分组，每个人口述测量实训电梯钢丝绳设备中注意事项及操作步骤。

【任务评价】

1. 成果展示

各组派代表上台总结完成任务的过程中，学会了哪些知识，展示学习成果，并叙述成果的由来。

2. 学生自我评价及反思

____

____

3. 小组评价及反思

____

____

4. 教师评估与总结

____

____

5．各小组对工作岗位的“6S”处理

在小组和教师都完成工作任务总结后，各小组必须对自己的工作岗位进行“整理、整顿、清扫、清洁、安全、素养”的处理；归还工量具及剩余材料。

6．评价表（表5－13）

表5－13　电梯曳引钢丝绳的学习评价表（100分）

序号	内容	配分	评分标准	扣分	得分	备注
1	授课过程	10	1．授课时无故迟到（扣1～4分）			
			2．授课时交头接耳（扣1～2分）			
			3．授课时玩手机、打瞌睡（扣1～4分）			
2	工具材料准备	20	1．工具材料未按时准备（扣15分）			
			2．工具材料未准备齐全（扣1～5分）			
3	资料搜集	20	1．未参与搜集资料（扣15分）			
			2．资料搜集不齐全（扣1～5分）			
4	小组讨论	20	1．未参与小组讨论（扣15分）			
			2．小组讨论不积极（扣1～5分）			
5	实训活动	20	1．未参与实训活动（扣15分）			
			2．实训活动不积极或记录不清晰（扣1～5分）			
			3．实训过程中肆意破坏实训设备或工具（扣20分）			
6	职业规范和环境保护	10	1．在工作过程中工具和器材摆放凌乱（扣4～5分）			
			2．不爱护设备、工具，不节省材料（扣4～5分）			
			3．在工作完成后不清理现场，在工作中产生的废弃物不按规定处置，各扣5分（若将废弃物遗弃在课桌内的可扣10分）			
得分合计						
教师签名						

【知识技能扩展】

电梯曳引钢丝绳可以用普通钢丝绳代替吗？

任务 4 曳引钢丝绳绳头制作

【工作任务】

了解曳引钢丝绳绳头的结构、分类。

【任务目标】

了解曳引钢丝绳绳头的性能要求。

【任务要求】

通过对任务的学习，各小组能够认识曳引钢丝绳绳头的结构、性能要求；并能树立牢固的安全意识与规范操作的良好习惯。

【能力目标】

小组发挥团队合作精神，了解曳引钢丝绳的结构、性能要求、学会曳引钢丝绳头的制作。

【任务准备】

在电梯的轿厢系统与平衡对重系统中，使它们相连的是曳引钢丝绳，在钢丝绳的末端，连接轿厢栋梁与对重横梁的是钢丝绳头。因此，钢丝绳头的稳定与安全直接影响着电梯的正常运行。

一、曳引钢丝绳的固定接头方法

钢丝绳的两端总要与有关的构件连接，如用 1:1 绕法，绳的一端与轿厢上的绳头板连接，另一端要与对重上的绳头板连接；如采用 2 :1 绕法，钢丝绳的两端都必须引到机房，与机房上的固定支架的绳头板连接固定。

1. 绳头组合方式

固定钢丝绳端部的装置也叫绳头组合。曳引钢丝绳必须与绳头进行组合才能与其他机件相连接。绳头组合的好坏直接影响到组合后钢丝绳的实际强度。按照 GB/T 10058—2009《电梯技术条件》规定，绳头组合的拉伸强度应不低于钢丝绳拉伸强度的 80%。电梯曳引钢丝绳常用的绳头组合方式有绳卡法、插接法、金属套筒法、锥形套筒法和自锁紧楔形绳套法等，如下图 5 - 18 所示。

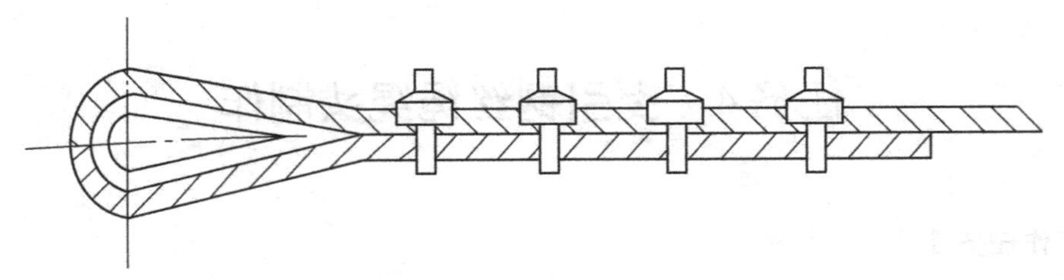

(a) 绳卡法

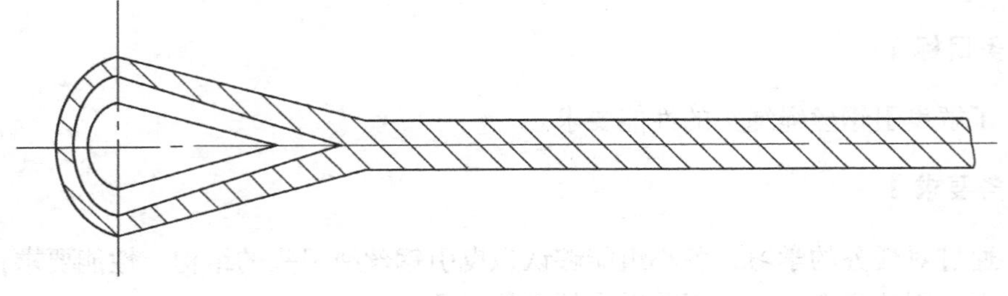

(b) 插接法

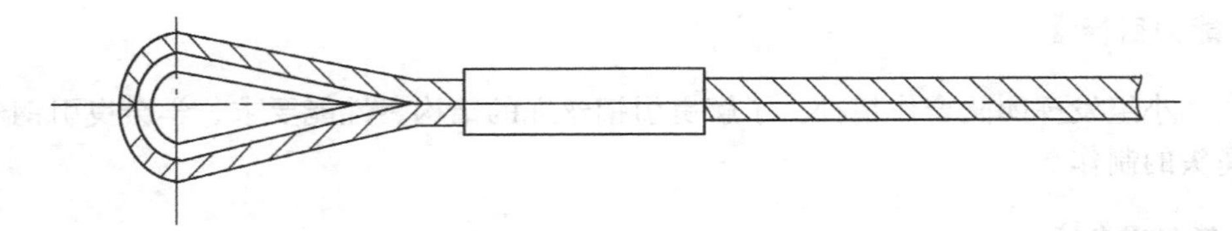

(c) 金属套筒法

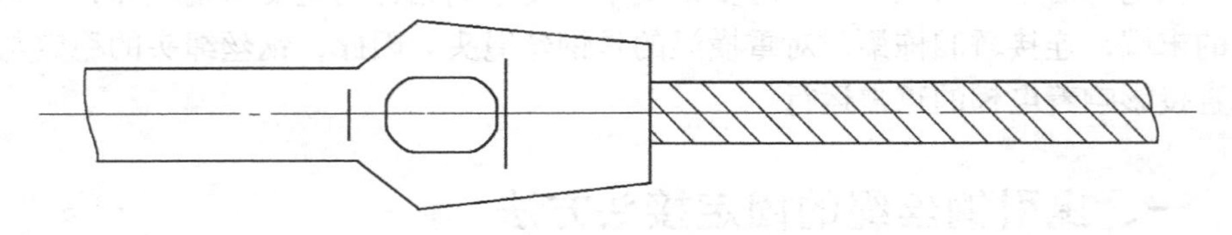

(d) 锥形套筒法

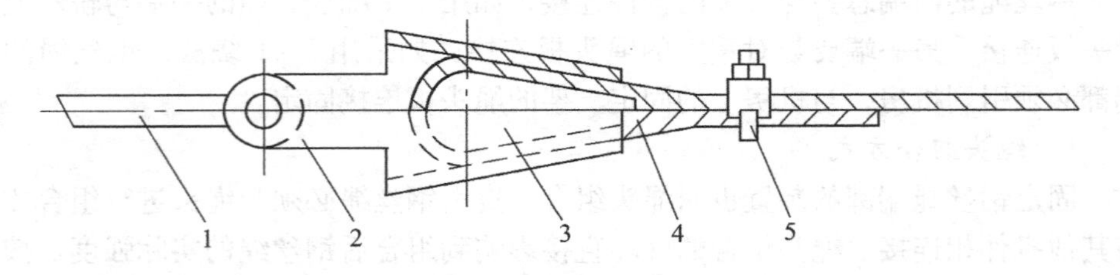

(e) 自锁紧楔形绳套法

1. 拉杆 2. 套筒 3. 楔形块 4. 销钉 5. 绳卡

图 5-18 电梯曳引钢丝绳常用的绳头组合方式

2. 制作方法

（1）锥形套筒法（如图 5－19 所示）。锥形套筒法的绳头制作方法：钢丝绳末端穿过锥形套筒后，将绳头钢丝解散，并把各股向绳的中心弯成圆锥状拉入锥套内；然后浇灌如低熔点合金（如巴氏合金），待冷凝后即可。具体可见本任务的实训操作。锥形套筒法可靠性高，对钢丝绳的强度几乎没有影响，因此曾被广泛应用在各类电梯上。但由于制作不够方便等原因，在新制造的电梯中已普遍采用自锁楔形绳套法。

巴氏合金是一种低熔点合金，主要成分是锡、铅、锑等。对浇注巴氏合金固定曳引绳头，各电梯厂都制定有专门的操作规程，必须严格按规程操作，以免降低曳引绳端接部位的机械强度。

a. 裁截钢丝绳

将待裁截的钢丝绳用 0.5 ～ 1mm 的钢丝分三处扎紧，且每处的捆扎长度不小于钢丝绳的直径：第一道扎在待裁截处；第二道与第一道的距离为 2L（L 为锥套锥形部分的长度）；第三道在距第二道 30 ～ 40mm 处。然后在第一道捆扎处用钢丝钳将其截断。

b. 松开绳股

把已截断的钢丝绳穿入锥形套筒中，解开第一道钢丝，将钢丝绳松开，然后在接近第二道捆扎处将绳芯截断。

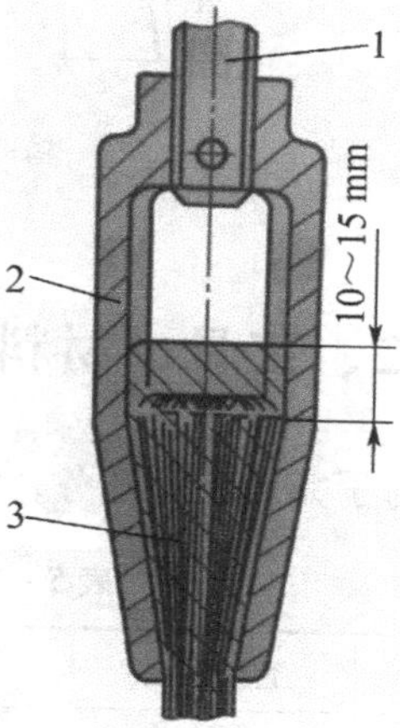

图 5－19 锥形套筒

1—螺杆 2—锥形套筒 3—钢丝绳

c. 弯折钢丝

把各股向绳的中心弯成圆锥状或麻花状，注意弯折长度应在绳径的 2.5 倍以上，但要小于 L；然后将弯折部分拉入锥套内，注意在施力时不要损伤钢丝绳。当全部拉入时，第二道捆扎处应绝大部分露出锥套小端。

（2）自锁紧楔形绳套法。自锁紧楔形绳套法的绳套分为套筒和楔形块，钢丝绳绕过楔形块，套入套筒，依靠楔形块与套筒内孔斜面的配合，使钢丝绳在拉力作用下，自动锁紧。这种组合方式具有拆装方便的优点，不必用巴氏合金浇灌，使安装绳头时更方便，工艺更简单并能获得 80% 以上的钢丝绳强度，但抵抗冲击载荷的能力相对较差。目前新制造的电梯中一般都采用这种方法。常见绳头组合，如图 5－20 所示。

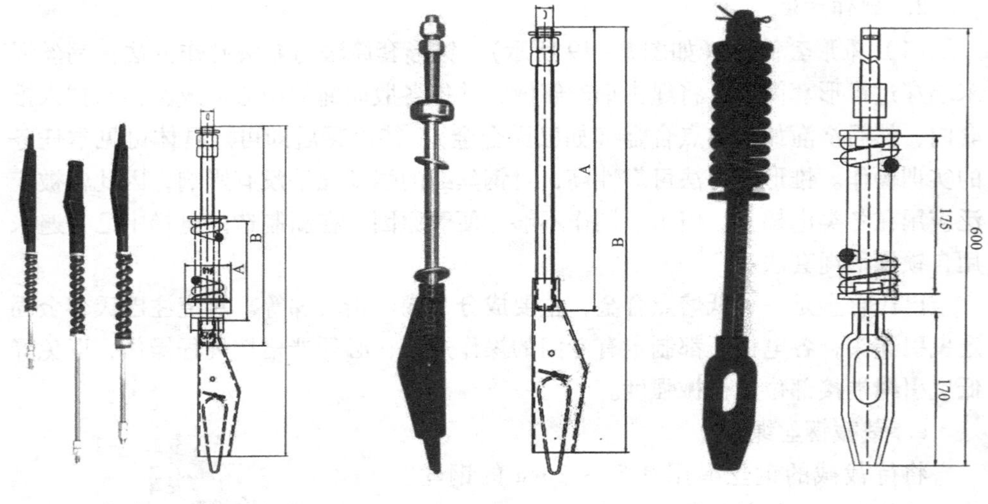

图 5－20　曳引钢丝绳绳头组合

二、工具、材料的准备

为了完成工作任务，每个小组需要准备如表 5－14 所述的工具及材料。

表 5－14　曳引钢丝绳头制作所需工具及材料表

序号	工具名称	型号规格	数量	单位	备注
1	曳引钢线绳		1	条	
2	绳头组合		1	个	
3	扳手		2	个	
4	开口叉扳		1	个	
5	笔记本		1	个	
6	签字笔		1	支	

【任务实施】

（一）资讯

为了更好地完成工作任务，请回答以下问题。

（1）曳引钢丝绳也称＿＿＿＿＿＿，电梯专用钢丝绳联接轿厢和对重，并靠曳引机驱动使轿厢升降。它承载着＿＿＿＿＿＿、＿＿＿＿＿＿、＿＿＿＿＿＿等重量的总和。曳引机在机房穿绕曳引轮、导向轮，一端联接__________，另一端联接对__________。

（2）良好的挠性能减少曳引绳在__________时的应力，有利于延长使用寿命，为此，曳引绳均采用纤维芯结构的双挠绳。

（3）固定钢丝绳端部的装置也叫绳头组合，其方法有各种各样，最安全牢靠的方法是用合金固定方法——__________________。

（二）学习活动

1．资料搜集

（1）钢丝绳的结构、材料要求；

（2）钢丝绳的性能要求；

（3）曳引钢丝绳使用寿命分析；

（4）钢丝绳的更换准则；

（5）曳引钢丝绳的固定接头方法。

2．小组讨论

每个小组通过搜集的资料进行讨论，验证资料的真实性、可靠性并完成表格5－15。

表5－15　曳引钢丝绳头制作讨论过程记录表

序号	讨论方向	讨论内容	讨论结果	备注
1	钢丝绳的性能要求			
2	钢丝绳使用寿命分析			
3	钢丝绳固定接头方法			

（三）实训活动

1. 实训准备

（1）在指导教师指导下对实训电梯绳头组合设备进行拆装。

（2）对学生进行实训前的安全教育。

2. 实训活动

组织学生到相关实训场所进行实训，将实训过程记录于表5－16中（也可自行设计记录表）。

表5－16　实训电梯绳头组合设备拆装记录

序号	拆装部件名称（按拆装顺序）	备注
1		
2		
3		
4		
5		
6		
7		
8		
9		

3. 实训总结

学生分组，每个人口述拆装实训电梯绳头组合中注意事项及操作步骤。

【任务评价】

1. 成果展示

各组派代表上台总结完成任务的过程中，学会了哪些知识，展示学习成果，并叙述成果的由来。

2. 学生自我评价及反思

3. 小组评价及反思

4. 教师评估与总结

5. 各小组对工作岗位的“6S”处理

在小组和教师都完成工作任务总结后，各小组必须对自己的工作岗位进行“整理、整顿、清扫、清洁、安全、素养”的处理；归还工量具及剩余材料。

6. 评价表（表5-17）

表5-17 钢丝绳绳头制作评价表（100分）

序号	内容	配分	评分标准	扣分	得分	备注
1	授课过程	10	1. 授课时无故迟到（扣1～4分）			
			2. 授课时交头接耳（扣1～2分）			
			3. 授课时玩手机、打瞌睡（扣1～4分）			
2	工具材料准备	20	1. 工具材料未按时准备（扣15分）			
			2. 工具材料未准备齐全（扣1～5分）			
3	资料搜集	20	1. 未参与搜集资料（扣15分）			
			2. 资料搜集不齐全（扣1～5分）			
4	小组讨论	20	1. 未参与小组讨论（扣15分）			
			2. 小组讨论不积极（扣1～5分）			
5	实训活动	20	1. 未参与实训活动（扣15分）			
			2. 实训活动不积极或记录不清晰（扣1～5分）			
			3. 实训过程中肆意破坏实训设备或工具（扣20分）			
6	职业规范和环境保护	10	1. 在工作过程中工具和器材摆放凌乱（扣4～5分）			
			2. 不爱护设备、工具，不节省材料（扣4～5分）			
			3. 在工作完成后不清理现场，在工作中产生的废弃物不按规定处置，各扣5分（若将废弃物遗弃在课桌内的可扣10分）			
得分合计						
教师签名						

【知识技能扩展】

试述对绳头制作与实训操作的认识、收获与体会。

项目六　电梯轿厢系统

本项目的主要目的是熟悉电梯轿厢系统的结构及分类；电梯轿厢系统的安装与调试。操作者在实际安装轿厢操作过程中，应始终牢记安全操作规范。本项目通过电梯轿厢的构成及分类、电梯轿厢的安装与调试2个任务。要求操作者在完成这2个任务的基础上，掌握电梯轿厢的结构以及安装方法，培养良好的团队合作精神。

【项目目标】

（1）认识电梯轿厢的结构及分类；

（2）熟悉电梯导轨的安装与调试方法；

（3）培养作业人员良好的团队合作精神和职业素养。

【项目描述】

轿厢是电梯用以承载和运送人员和物资的箱形空间。轿厢一般由轿底、轿壁、轿顶、轿门等主要部件构成，其内部净高度至少应为2m。不同用途的轿厢，结构形式、结构尺寸、内部装饰灯方面都有不同，但基本结构是相同的，都由轿厢架、轿底、轿壁、轿顶、门机系统、导靴、安全窗、操纵箱等组成，有些轿厢还设有安全门。

任务1　电梯轿厢的构成及分类

【工作任务】

电梯轿厢的结构及分类。

【任务目标】

了解电梯轿厢的结构及分类。

【任务要求】

通过对任务的学习，各小组能够对电梯轿厢的结构及分类有一个全面的认识；任务完成后各小组对本任务谈谈自己的想法，并作一总结。

【能力目标】

小组发挥团队合作精神搜集电梯轿厢系统的相关资料、图片并展示。

【任务准备】

一、电梯的轿厢

1. 轿厢

轿厢是电梯中装载乘客或货物的金属结构件，它借助轿厢架立柱上下四个导靴沿着导靴作垂直升降运动，完成载客或载货的任务。

1）轿厢的结构

轿厢由轿厢架、轿厢壁、轿厢顶、轿厢底等组成，如图6－1－1所示。

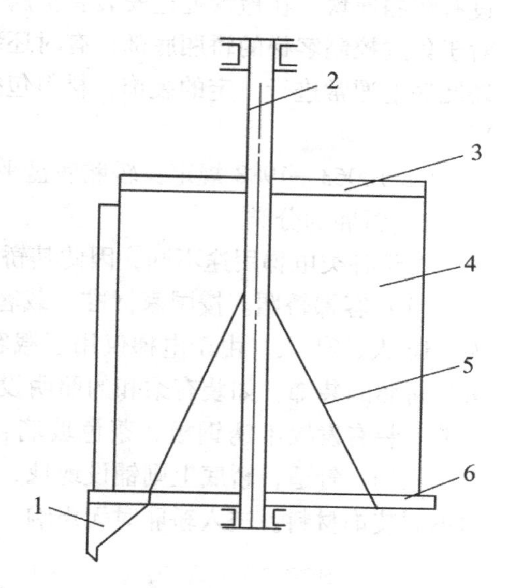

图6－1　轿厢系统

1—护脚板；2—轿厢架；3—轿厢顶；4—轿厢壁；5—拉条；6—轿厢底

（1）轿厢架。轿厢架由上梁、立柱、下梁、拉条等组成，是承受轿厢质量和额定载质量的承重框架，因此轿厢架一般采用槽钢制成，也有用钢板弯折成形代替型钢的，其优点是质量轻、成本低。轿厢架各个部分之间采用焊接或螺栓紧固连接，拉条的作用是固定轿底，防止因轿厢载荷偏心而造成轿底倾斜。如果电梯采用1∶1绕法，在上梁中间还装有绳头板，用以穿入和固定钢丝绳锥套。

（2）轿厢壁。主要由金属薄板制造，它与轿厢底、轿厢顶和轿厢门构成一个封闭的空间。材料包括薄钢板、喷漆钢板和不锈钢钢板，高档的电梯也采用镜面不锈钢作为轿厢壁的内饰。一般采用多块钢材拼接，焊接成形或采用螺栓连接成形。每块板件都敷设有加强筋，以提高强度和刚度。轿壁应具有足够的机械强度：用300 N的力，沿轿厢内向轿厢外方向垂直作用于轿厢中任一轿壁的任何位置，且均匀地分布$5cm^2$的圆形或方形面积上时，轿壁应能：①无永久变形；②弹性变形不大于15 mm。

（3）轿厢顶。轿厢顶用薄钢板制成。由于轿顶要供紧急出入，安装和维修时也需要攀登，因此要求有足够的强度。对于轿顶的机械强度有明确的技术要求：①轿顶能支撑两个人，即在轿顶的任何位置上均能承受2000 N的垂直力而无永久变形；②轿顶应具有一块至少为0.12m^2的站人用的净面积，其短边至少为0.25 m；③轿顶应有安装栏，用于电梯维修人员防护。

轿厢顶上安装有下列装置：①轿顶检修箱。为保证检修人员进行检修运行，在轿顶设置有检修箱。该装置必须设置有急停开关（非自动复位，接通后轿内检修开关应失效）、检修开关、检修上、下运行使用的按钮和电源插座。②安全窗。为了在电梯出现故障时，为乘客提供一个救援和撤离的通道，有些在轿顶上设置有安全窗。③如果在轿架上固定有反绳轮，则应设置防护装置以避免伤害人体或悬挂绳松弛时脱离绳槽，及绳与绳槽之间进入杂物。

（4）轿厢底。轿厢支撑负载的组件，它包括地板、框架等构件。地板一般用花纹钢板制成，客梯则在花纹钢板上再铺设塑胶板或地毯等。在轿厢底的前沿设有轿厢地坎。在地坎处还安装有护脚板，它是垂直向下延伸的光滑安全挡板。对于集选控制客梯的轿厢底部，有时还装有超载装置的传感设施。在乘客电梯的轿厢底上通常进行一定的装饰，材料包括PVC或大理石等；装饰材料如图6-2所示。

GB 10063—1988规定：轿厢底盘平面的水平度应不超过3/1000。

2）轿厢的分类

由于各类电梯用途不同，因此其轿厢结构也不一样。

（1）客梯轿厢。按国家标准，载客量可分为5种，即可乘8人、10人、13人、16人、21人。由于电梯仅用于载客，为使乘客感到舒适和安全，所以十分重视轿厢的装饰，如装有柔和的照明设施、通风设备以及各种豪华的轿顶结构。轿壁上装有发纹不锈钢板、茶色玻璃、扶手栏、镜面玻璃等，使人感到轿厢宽敞、豪华、舒适；轿底上则铺设地毯、橡胶或花纹塑料板，图6-2所示为电梯的不同装饰材料。进入轿厢时无声响，给人感觉安全可靠，如图6-3所示。

（1）电梯PVC地板

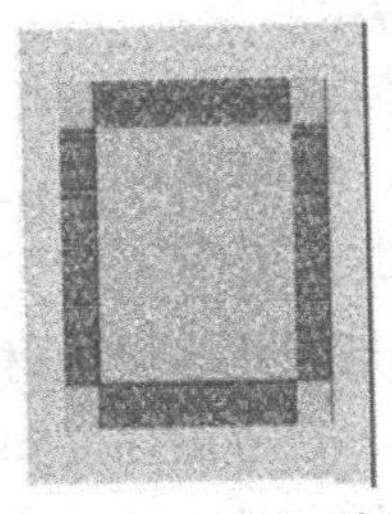
（2）电梯装饰地板

（3）电梯轻型地板

图6-2 装饰材料

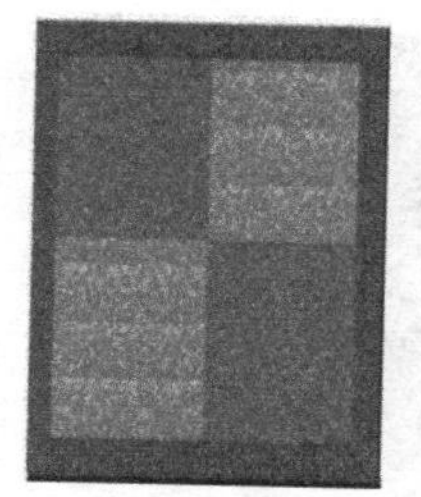

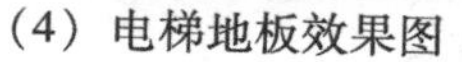

（4）电梯地板效果图　（5）电梯装饰地板效果图　（6）电梯轻型地板效果图

续图6－2　装饰材料

图6－3　客梯轿厢

（2）住宅梯轿厢。按国家标准，住宅梯轿厢载客量分为可乘5人、8人和10人3种。由于是居民住宅中使用，除乘人外还需装载居民日常生活物资，所以，轿厢不需考虑装饰，一般轿厢喷涂油漆或喷塑即可。

（3）病床梯轿厢。按国家标准，分为可乘21人、26人和33人3种。由于是在医院中使用，需载病床和医疗器具。因此，轿厢尺寸窄而深，装饰一般。

（4）货梯轿厢。按国家标准分为载质量630 kg、1000 kg、1600 kg、2000 kg、3000 kg、5000 kg和8000 kg等多种。由于货物的占地面积大，所以轿厢面积要大于客梯，而轿厢的高度低于客梯的轿厢高度。为了承受较大载荷，轿厢架及轿厢底的强度采用刚性结构，以保证轿厢载重不变形。

（5）杂物梯轿厢。按国家标准可分为3种，140 kg、100 kg和250 kg。由于只是运载食品、书籍，不能乘人，因此，40kg和100kg的轿厢高度为800 mm，250kg的轿厢高度为1200mm，高度较低是限制乘人的措施。

（6）观光梯轿厢。轿厢的外形做成圆形或菱形。观光面处的轿壁采用透明的强化玻璃。轿厢内、外装饰豪华，以吸引人们乘坐观光，如图6－4所示。

图 6－4　观光梯轿厢

轿厢的尺寸与承载轿厢面积是根据载质量和乘客人数确定的，主要目的是为了防止因为轿厢面积过大，使得过多的乘客和过重的货物进入轿厢造成电梯的溜车事故，因此轿厢的有效面积应予以限制。

根据 GB 7588—1995 中对轿厢面积的规定：为防止人员引起的轿厢超载，轿厢的有效面积应予以限制，所以额定载质量与轿厢最大有效面积之间应保证的关系见表 6－1。

表 6－1　额定载质量与轿厢最大有效面积的关系

额定载质量（kg）	轿厢最大有效面积（m^2）	额定载质量（kg）	轿厢最大有效面积（m^2）	额定载质量（kg）	轿厢最大有效面积（m^2）	额定载质量（kg）	轿厢最大有效面积（m^2）
100*	0.37	525	1.45	900	2.20	1275	2.95
180**	0.53	600	1.60	975	2.35	1350	3.10
225	0.70	630	1.66	1000	2.40	1425	3.25
300	0.90	675	1.75	1050	2.50	1500	3.40
375	1.10	750	1.90	1125	2.55	1600	3.56
400	1.17	800	2.00	1200	2.80	2000	4.20
450	1.30	825	2.05	1250	2.90	2500***	5.00

注：* 一电梯的最小值。

** 人电梯的最小值。

*** 定载质量超过 2 500 kg 时，每增加 100 kg 面积增加 0.16 m^2，对中间的载质量其面积由线性插入法确定。

当轿厢面积不能保证上述关系时，应对该电梯进行面积超标的曳引检查。

在电梯的乘客数量上有以下规定：

电梯最多乘客数量 = 额定载质量/75（计算结果向下圆整到最近的整数）；或按表 6-2 取其中较小的数值。

表 6-2　乘客人数与轿厢最小面积的关系

乘客人数（人）	轿厢最小有效面积（m^2）	乘客人数（人）	轿厢最小有效面积（m^2）	乘客人数（人）	轿厢最小有效面积（m^2）	乘客人数（人）	轿厢最小有效面积（m^2）
1	0.28	6	1.17	11	1.87	16	2.57
2	0.49	7	1.31	12	2.01	17	2.71
3	0.60	8	1.45	13	2.15	18	2.85
4	0.79	9	1.59	14	2.29	19	2.99
5	0.98	10	1.73	15	2.43	20	3.13

注：超过 20 位乘客时，对超过的每一乘客正加 0.115m^2。

二、工具、材料的准备

为了完成工作任务，每个小组需要准备如表 6-3 所述的工具及材料。

表 6-3　电梯轿厢的构成及分类所需工具及材料表

序号	工具名称	型号规格	数量	单位	备注
1	电脑		1	台	
2	彩纸	8K（各色）	2	张	
3	笔记本		1	本	
4	水彩笔		1	盒	
5	铅笔		1	支	
6	签字笔		1	支	
7	实训轿厢		1	个	

【任务实施】

（一）资讯

为了更好地完成工作任务，请回答以下问题。

（1）电梯轿厢由________________、________________、________________、

__________等组成。

(2) 由于各类电梯用途不同，因此其轿厢结构也不一样，按其用途划分一般可分为__________轿厢、__________轿厢、__________轿厢、__________轿厢、__________轿厢、__________轿厢。

(3) 轿厢的尺寸与承载轿厢面积是根据载质量和乘客人数确定的，主要目的是为了防止因为轿厢面积过大，使得过多的乘客和过重的货物进入轿厢造成电梯的__________，因此轿厢的有效面积应予以限制。

(二) 学习活动

1. 资料搜集

(1) 轿厢的结构

①轿厢架的结构；②轿厢壁的结构；③轿厢顶的结构；④轿厢底的结构。

(2) 轿厢的分类

①客梯；②住宅梯；③病床梯；④货梯；⑤杂物梯；⑥观光梯。

(3) 轿厢额定载质量与轿厢最大有效面积之间的关系。

2. 小组讨论

每个小组通过搜集的资料进行讨论，验证资料的真实性、可靠性并完成表格6-4。

表6-4 电梯轿厢的构成及分类讨论过程记录表

序号	讨论方向	讨论内容	讨论结果	备注
1	轿厢的结构	轿厢架的结构		
		轿厢壁的机构		
		轿厢顶的结构		
		轿厢底的结构		
2	轿厢的分类	不同种类电梯的作用		
3	轿厢的额定载重质量	轿厢额定载质量与轿厢最大有效面积之间的关系		

(三) 实训活动

1. 实训准备

(1) 指导教师先到电梯所在场所“踩点”。了解周边环境，事先做好预案（参观路线、学生分组等）。

(2) 对学生进行参观前的安全教育。

2. 参观活动

组织学生到相关实训场所参观电梯，将观察结果记录于表6－5中（也可自行设计记录表）。

表6－5　实训电梯参观记录

电梯类型	客梯；货梯；客货两用梯；观光梯；特殊用途电梯；自动扶梯；自动人行道
安装位置	
主要用途	载客；货运；观光；其他用途
轿壁装饰材料	
轿顶装饰材料	
轿底装饰材料	
轿厢深度	
轿厢宽度	
轿厢高度	

3. 参观总结

学生分组，每个人口述所参观的电梯轿厢类型、参数等。

【任务评价】

1. 成果展示

各组派代表上台总结完成任务的过程中，学会了哪些知识，展示学习成果，并叙述成果的由来。

2. 学生自我评价及反思

____

____

3. 小组评价及反思

____

____

4. 教师评估与总结

____

____

5. 各小组对工作岗位的“6S”处理

在小组和教师都完成工作任务总结后，各小组必须对自己的工作岗位进行“整理、整顿、清扫、清洁、安全、素养”的处理；归还工量具及剩余材料。

6. 评价表（表 6－6）

表 6－6　电梯轿厢结构及分类学习评价表（100 分）

序号	内容	配分	评分标准	扣分	得分	备注
1	授课过程	10	1. 授课时无故迟到（扣 1～4 分）			
			2. 授课时交头接耳（扣 1～2 分）			
			3. 授课时玩手机、打瞌睡（扣 1～4 分）			
2	工具材料准备	20	1. 工具材料未按时准备（扣 15 分）			
			2. 工具材料未准备齐全（扣 1～5 分）			
3	资料搜集	20	1. 未参与搜集资料（扣 15 分）			
			2. 资料搜集不齐全（扣 1～5 分）			
4	小组讨论	20	1. 未参与小组讨论（扣 15 分）			
			2. 小组讨论不积极（扣 1～5 分）			
5	实训活动	20	1. 未参与实训活动（扣 15 分）			
			2. 实训活动不积极或记录不清晰（扣 1～5 分）			
			3. 实训过程中肆意破坏实训设备或工具（扣 20 分）			
6	职业规范和环境保护	10	1. 在工作过程中工具和器材摆放凌乱（扣 4～5 分）			
			2. 不爱护设备、工具，不节省材料（扣 4～5 分）			
			3. 在工作完成后不清理现场，在工作中产生的废弃物不按规定处置，各扣 5 分（若将废弃物遗弃在课桌内的可扣 10 分）			
得分合计						
教师签名						

【知识技能扩展】

谈谈你日常生活中所乘坐过的电梯，并发表下自己的感受。

任务2　电梯轿厢的安装与调试

【工作任务】

电梯轿厢的安装与调试。

【任务目标】

了解电梯轿厢的安装与调试方法。

【任务要求】

通过对任务的学习，各小组能够对电梯轿厢的安装方法有一个全面的认识，完成后各小组谈谈自己的想法，并作一总结。

【能力目标】

小组发挥团队合作精神搜集电梯轿厢系统的相关资料、图片并展示。

【任务准备】

一、电梯轿厢系统的安装与调试

准备工作→安装底梁→安装立柱→安装上梁→安装轿底→安装导靴→安装轿壁、轿顶→安装轿门装置及开门机构→安装轿厢其他装置。

1. 准备工作

（1）在顶层门口对面的混凝土井道壁相应位置上安装两个角钢托架，每个托架用3个M16膨胀螺栓固定，在厅门口牛腿处横放一根木方，在角钢托架和横木上架设两根200×200木方或20号工字钢。两横梁的水平度偏差不大于2/1000，然后把木方端部固定，如图6-5所示。

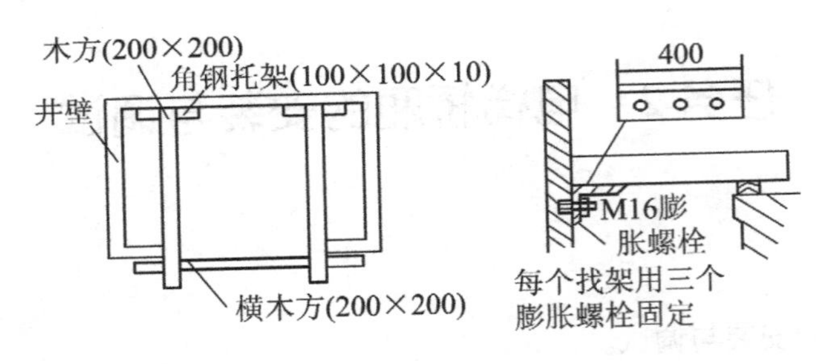

图 6－5　支撑木的安装

（2）若井道壁为砖结构，又赶不上水泥圈梁，则在厅门门口对面的井壁相应的位置上剔出两个与木方大小相适应，深度超过墙体中心 20mm 且不小于 75mm 的洞，用以支撑木方的另一端，如图 6－6 所示。

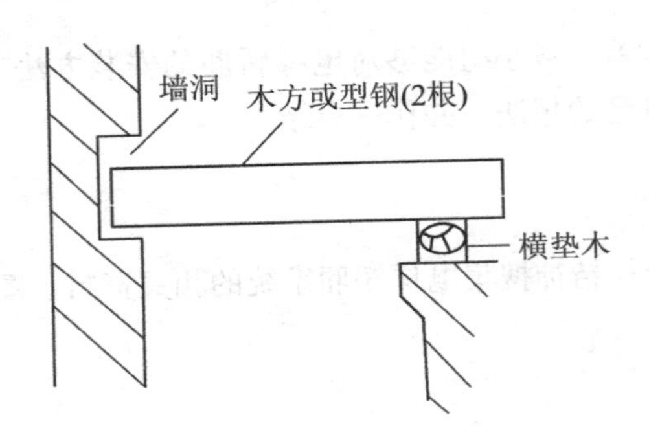

图 6－6　支撑木的安装

（3）在机房承重钢梁上相应位置横向固定一根直径不小于 $\phi50$ 的圆钢或规格为 $\phi75\times4$ 的钢管，由轿厢中心绳孔处放下钢丝绳扣（不小于 $\phi13$）并挂一个 3t 的倒链，以备安装轿厢使用。

2. 安装底梁

（1）将底梁放在架设好的木方或工字钢上，调整安全钳口与导轨面间隙，如电梯厂图纸有具体规定尺寸，按图纸要求；同时调整底梁的水平度，使其横、纵向不水平度均不大于 1/1000，如图 6－7 所示。

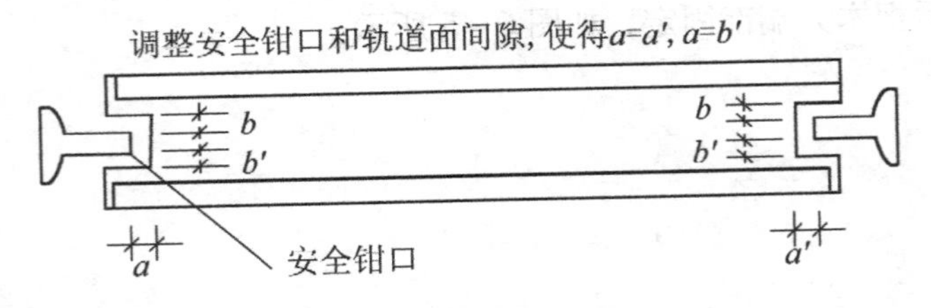

图 6－7　安装轿厢底梁

（2）安装安全钳楔块，楔齿距导轨侧工作面的距离调整到 3 ～ 4mm（安装说明书有明确规定者按产品要求执行），且 4 个楔块距导轨侧工作面间隙应一致，然后用厚垫片塞于导轨侧面与楔块之间，使其固定，如图 6－8 所示。

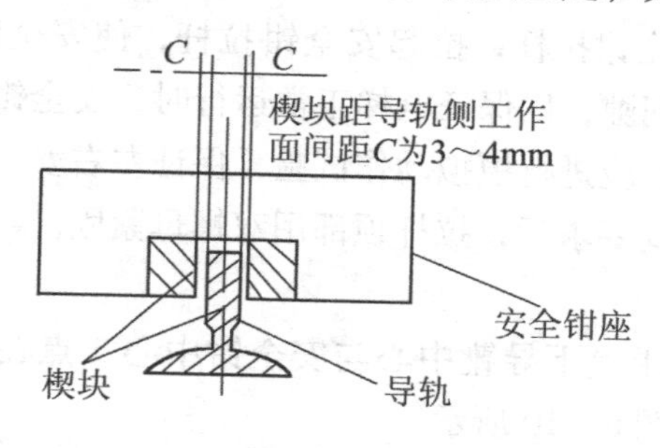

图 6－8　安装安全钳

3. 安装轿厢立柱

将轿厢立柱与底梁连接，连接后使立柱垂直，其不垂直度在总高上不大于 1.5mm，不得有扭曲，若达不到要求应用垫片进行调整，也可在安装上梁后调整。

4. 安装上梁

用倒链将上梁吊起与立柱相连接，装上所有的连接螺栓。调整上梁的横、纵向水平度，使不水平度不大于 1/2000，同时再次校正立柱，保证不垂直度不大于 1.5mm。装配完的轿厢框架不应有扭曲应力存在，然后分别紧固螺栓。

5. 安装轿底

（1）用倒链将轿厢底盘吊起，然后放于相应位置。将轿底与立柱、底梁用螺栓连接但不用把螺栓拧紧。安装上斜拉杆，并进行调整，使轿底不水平度不大于 2/1000，然后将斜拉杆用双螺母锁紧，把各连接螺栓紧固，如图 6－9 所示。

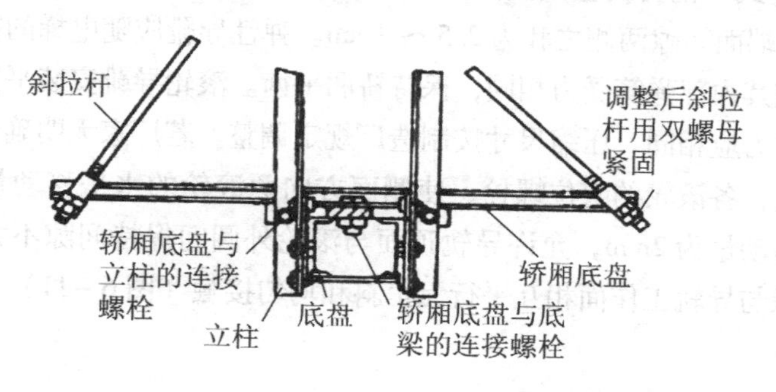

图 6－9　安装轿底

（2）若轿底为活动结构时，先按上述要求将轿厢底盘托架安装调好，并将减振器及称重装置安装在轿厢底盘托架上，用倒链将轿厢底盘吊起，缓缓就位，使减振器上的螺栓逐个插入轿底盘相应的螺栓孔中，然后调整轿底的水平度，使其不水平度小于等于2/1000。

（3）安装调整安全钳拉杆，拉起安全钳拉杆，使安全钳楔块轻轻接触导轨时，限位螺栓应略有间隙，以保证电梯正常运行时，安全钳楔块与导轨不致相互摩擦或误动作。同时，应进行模拟动作试验，保证左右安全钳拉杆动作同步，其动作应灵活无阻。达到要求后，拉杆顶部用双螺母紧固。

6. 安装导靴

（1）安装导靴要求上下导靴中心与安全钳中心3点在同一条垂线上，不能有歪斜偏扭现象，如图6－10所示。

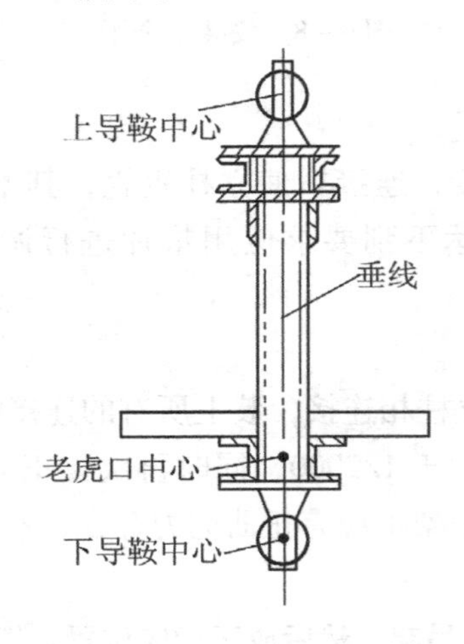

图6－10　安装导靴

（2）固定式导靴要调整其间隙一致，内衬与导轨两工作侧面间隙各为0.5～1mm，与导轨端面间隙两侧之和为2.5～1mm。弹性导靴应随电梯的额定载重量不同而调整，使其内部弹簧受力相同，保持轿厢平衡。滚轮导靴安装平正，两侧滚轮对导轨的初压力应相同，压缩尺寸按制造厂规定调整。若厂家无明确规定，则根据实际情况调整，各滚轮的限位螺栓，使侧面方向两滚轮的水平移动量为1mm，顶面滚轮水平移动量为2mm，允许导轨顶面与滚轮外圆间保持间隙不大于1mm，并使各滚轮轮缘与导轨工作面相互平行无歪斜和均匀接触（图6－11）。

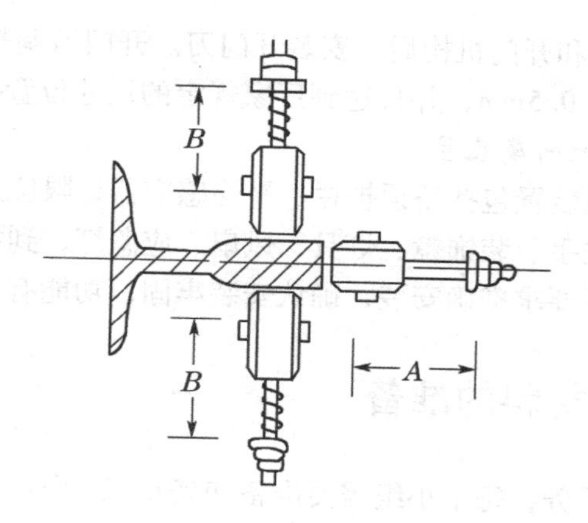

图6－11　滚轮导靴的安装

7. 安装轿壁、轿顶

首先将轿壁底座与轿厢底盘连接，连接螺栓要加弹簧垫圈，以防止因电梯的振动而松动。若因轿底局部不平而使轿壁底座下有缝隙时，要在缝隙处加调整垫片垫实。安装轿壁，可逐扇安装，也可根据情况将几扇先拼在一起再安装。安装轿壁应先安装轿壁与井道间隙最小的一侧，再依次安装其他各侧轿壁。待轿壁全部装完后，紧固轿壁间及轿底间的固定螺栓，同时将各轿壁板间的镶条和与轿顶接触的胶垫整平。轿壁和轿顶间穿好的螺栓先不要紧固，待调整轿壁垂直度满足不大于1/1000时再加以紧固。安装完要求接缝紧密，间隙一致，嵌条整齐，轿厢内壁应平整一致，各部位螺栓垫圈必须齐全，紧固牢靠，无晃动歪斜。一般电梯的轿顶分为若干块独立的框架结构进行拼装，也有做成整体结构，但无论采用哪种形式，都应安装牢固，不要忘记安装衬垫及减振材料。先将轿顶组装好用倒链悬挂在轿厢架上梁下方，作临时固定，待轿壁全部装好后再将轿顶放下，按图纸设计要求与轿壁定位固定，客梯轿顶通常还有装饰结构，用于安装装饰板及灯光，对于粘贴物应仔细检查是否松脱活动。轿顶接线盒、线槽、电线管、安全保护开关等要按厂家安装图安装，若无安装图则根据便于安装和缩修的原则进行布置。

8. 安装轿门装置及开门机构

轿门安装基本同于厅门安装，要保证门扇的垂直度和运动自如。安全触板安装后要进行调整，使之垂直。轿门全部打开后安全触板端面和轿门端面应在同一垂直平面上，安全触板的动作应灵活，功能可靠，其碰接力不大于5N。在关门行程1/3之后，阻止关门的力不应超过150N。安装、调整开门机构和传动机构使门在启闭过程中有合理的速度变化，而又能在起止端不发生冲击，并符合厂家的有关设计要求。若厂家无明确规定则按其传动灵活，功能可靠的原则进行调整。一般开关门的平均速度0.3m/s，关门时限3.0～5.0s，开门时限2.5～

4.0s。在安装轿门扇和开门机构后，安装开门刀。开门刀调整完端面和侧面的垂直偏差全长均不大于0.5mm，并且达到厂家规定的尺寸位置要求。

9. 安装轿厢其他附属装置

轿厢的其他附属装置包括轿顶护栏、平层感应器、限位开关碰铁，满载起载开关以及轿厢内的扶手、装饰镜、灯具、风扇、应急灯、到站钟、踢脚板等。安装时应按照厂家图纸要求准确安装，确认安装牢固，功能有效。

二、工具、材料的准备

为了完成工作任务，每个小组需要准备如表6－7所述的工具及材料。

表6－7　电梯轿厢系统的安装与调试所需工具及材料表

序号	工具名称	型号规格	数量	单位	备注
1	电脑		1	台	
2	彩纸	8K（各色）	2	张	
3	笔记本		1	本	
4	水彩笔		1	盒	
5	铅笔		1	支	
6	签字笔		1	支	
7	线锤		1	个	
8	校轨尺		1	套	
9	梅花扳手	12、14、18、24	各1	把	
10	呆扳手	12、14、18、24	各1	把	
11	活动扳手		1	把	
12	纱布手套		1	双	
13	安全帽		1	顶	
14	角尺		1	把	
15	轿厢安装实训设备		1	套	

【任务实施】

（一）资讯

为了更好地完成工作任务，请回答以下问题。

（1）请写出电梯轿厢系统安装与调试的步骤。

（2）电梯轿厢系统的其他附属装置都有哪些？

（二）学习活动

1. 资料搜集

电梯轿厢系统安装与调试的具体步骤：①准备工作；②安装底梁；③安装轿厢立柱；④安装上梁；⑤安装轿底；⑥安装导靴；⑦安装轿壁、轿顶；⑧安装轿门装置及开门机构；⑨安装轿厢其他附属装置。

2. 小组讨论

每个小组通过搜集的资料进行讨论，验证资料的真实性、可靠性并完成表格6－8。

表6－8　电梯轿厢的安装与调试讨论过程记录表

序号	讨论方向	讨论内容	讨论结果	备注
1	电梯轿厢系统安装与调试的具体步骤	准备工作		
		安装地梁		
		安装轿厢立柱		
		安装上梁		
		安装轿底		
		安装导靴		
		安装轿壁、轿顶		
		安装轿门装置及开门机构		
		安装轿厢其他附属装置		

（三）实训活动

1. 实训准备

（1）在指导教师指导下对实训电梯轿厢设备进行拆装。

（2）对学生进行实训前的安全教育。

2. 实施

组织学生到相关实训场所进行实训，将实训过程记录于表6－9中（也可自行设计记录表）。

表6－9　实训电梯轿厢设备拆装记录

序号	拆装部件名称（按拆装顺序）	备注
1		
2		
3		
4		
5		
6		
7		
8		
9		

3. 实训总结

学生分组，每个人口述拆装实训电梯轿厢设备中注意事项及操作步骤。

【任务评价】

1. 成果展示

各组派代表上台总结完成任务的过程中，学会了哪些知识，展示学习成果，并叙述成果的由来。

2. 学生自我评价及反思

____

____

3. 小组评价及反思

____

____

4. 教师评估与总结

____

____

5. 各小组对工作岗位的“6S”处理

在小组和教师都完成工作任务总结后，各小组必须对自己的工作岗位进行“整理、整顿、清扫、清洁、安全、素养”的处理；归还工量具及剩余材料。

6. 评价表（表6－10）

表 6-10　电梯轿厢的安装与调试学习评价表（100 分）

序号	内容	配分	评分标准	扣分	得分	备注
1	授课过程	10	1. 上课时无故迟到（扣 1 ～ 4 分）			
			2. 上课时交头接耳（扣 1 ～ 2 分）			
			3. 上课时玩手机、打瞌睡（扣 1 ～ 4 分）			
2	工具材料准备	20	1. 工具材料未按时准备（扣 15 分）			
			2. 工具材料未准备齐全（扣 1 ～ 5 分）			
3	资料搜集	20	1. 未参与搜集资料（扣 15 分）			
			2. 资料搜集不齐全（扣 1 ～ 5 分）			
4	小组讨论	20	1. 未参与小组讨论（扣 15 分）			
			2. 小组讨论不积极（扣 1 ～ 5 分）			
5	电梯轿厢的拆装与调整实训设备的拆装	20	1. 不按要求到实训场所进行实训（扣 20 分）			
			2. 拆装时不按要求进行实训（扣 15 分）			
			3. 拆装时有工具或设备部件掉落情况（扣 5 分/次）			
6	职业规范和环境保护	10	1. 在工作过程中工具和器材摆放凌乱（扣 4 ～ 5 分）			
			2. 不爱护设备、工具，不节省材料（扣 4 ～ 5 分）			
			3. 在工作完成后不清理现场，在工作中产生的废弃物不按规定处置，各扣 5 分（若将废弃物遗弃在课桌内的可扣 10 分）			
得分合计						
教师签名						

【知识技能扩展】

轿厢结构与井道的关系。

项目七　电梯的重量平衡系统

本项目的主要目的是熟悉电梯重量平衡系统的功能及其组成，掌握电梯重量平衡系统的功能的设置，了解电梯重量平衡系统的构成及分类。这是完成本项目任务的前提，操作者在实际操作过程中，应始终牢记安全操作规范。本项目通过电梯重量平衡系统的构成及分类1个任务。要求操作者在完成这1个任务的基础上，能够准确叙述出电梯重量平衡系统的构成及分类，掌握电梯重量平衡系统的构成及分类的设置，培养良好的团队合作精神。

【项目目标】

（1）熟悉电梯对重装置的构成及分类。

（2）掌握电梯补偿装置的构成及分类。

【项目描述】

重量平衡系统的作用是使对重与轿厢能达到相对平衡，在电梯运行中即使载重量不断变化，仍能使两者间的重量差保持在较小的范围之内，保证电梯的曳引传动平稳、正常。重量平衡系统一般由对重装置和重量补偿装置两部分组成。

任务1　电梯重量平衡系统的构成及分类

【工作任务】

重量平衡系统的功能及其组成。

【任务目标】

了解重量平衡系统的功能及其组成。

【任务要求】

通过对任务的学习，各小组能够认识了解重量平衡系统的构成及其分类；任务完成后各小组谈谈自己的想法。

【能力目标】

小组了解重量平衡系统的功能、种类以及组成。

【任务准备】

一、电梯对重装置的构成

对重（又称平衡重）相对于轿厢悬挂在曳引绳的另一侧，起到相对平衡轿厢的作用，并使轿厢与对重的重量通过曳引钢丝绳作用于曳引轮，保证足够的驱动力。由于轿厢的载重量是变化的，因此不可能做到两侧的重量始终相等并处于完全平衡状态。一般情况下，只有轿厢的载重量达到50%的额定载重量时，对重一侧和轿厢一侧才处于完全平衡，这时的载重量称电梯的平衡点，此时由于曳引绳两端的静荷重相等，使电梯处于最佳的工作状态。但是在电梯运行中的大多数情况下，曳引绳两端的载荷是不相等且是变化的，因此对重的作用只能使两侧的重量差处于一个较小的范围内变化。

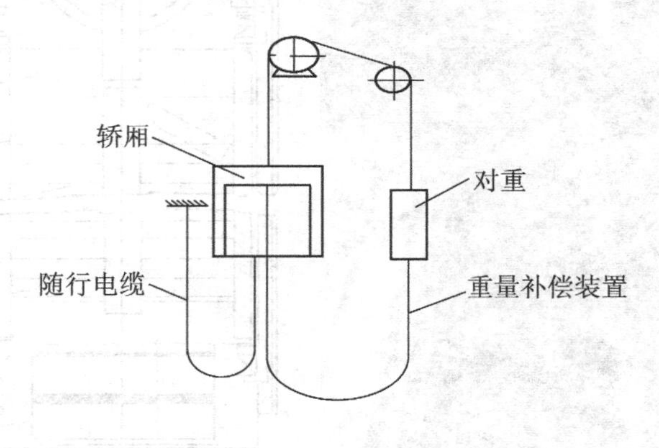

图7-1　重量平衡系统

二、对重装置的作用、种类和结构

1. 对重装置的作用

（1）可以相对平衡轿厢和部分电梯载荷重量，减少曳引机功率的损耗；当轿厢负载与对重匹配较理想时，还可以减小曳引力，延长钢丝绳的寿命。

（2）对重的存在保证了曳引绳与曳引轮槽的压力，保证了曳引力的产生。

（3）由于曳引式电梯有对重装置，当轿厢或对重撞在缓冲器上后，曳引绳对曳引轮的压力消失，电梯失去曳引条件，避免冲顶（或蹲底）事故的发生。

(4) 由于曳引式电梯设置了对重，使电梯的提升高度不同于强制式驱动电梯那样受到卷筒尺寸的限制和速度不稳定，因而提升高度也大大提高。

2. 对重装置的种类和结构

对重装置一般分为无反绳轮式（曳引比为1:1的电梯）和有反绳轮式（曳引比非1:1的电梯）两类。不论是有反绳轮式还是无反绳轮式的对重装置，其结构组成是基本相同的。对重装置一般由对重架、对重块、导靴、缓冲器碰块、压块以及与轿厢相连的曳引绳和反绳轮组成。

对重架用槽钢和钢板焊接而成。依据使用场合不同，对重架的结构形式也不同。对于不同曳引方式，对重架可分为用于非1:1吊索法的有轮对重架和用于1:1吊索法的无轮对重架两种。依据不同的对重导轨，又可分为用于T型导轨，采用弹簧滑动导靴的对重架，以及用于空心导轨，采用刚性滑动导靴的对重架。

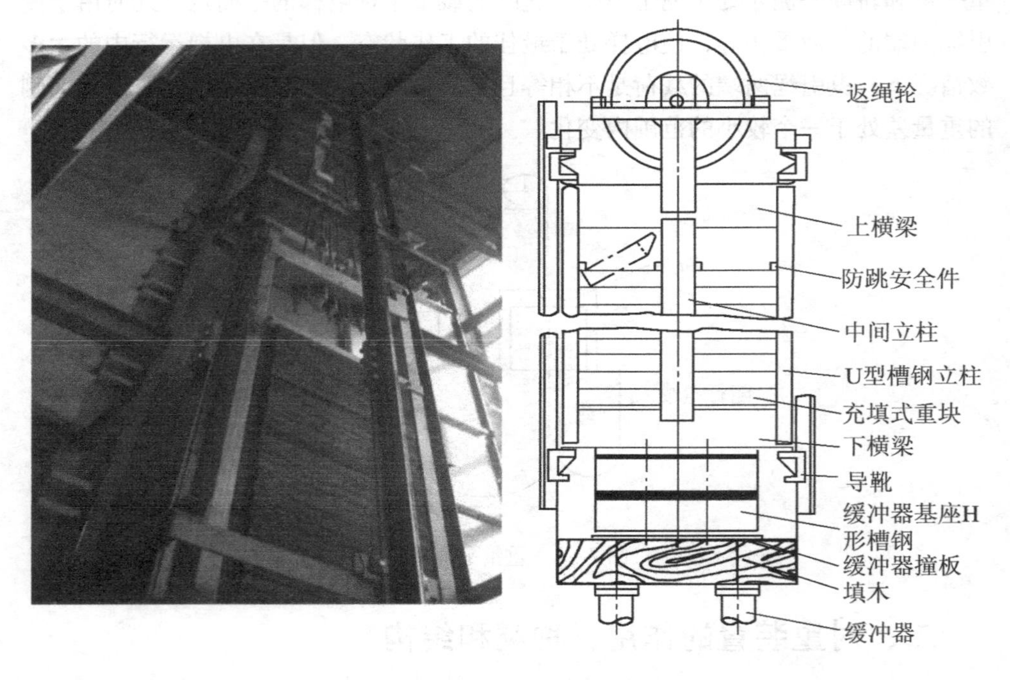

图7-2 有反绳轮对重装置的结构

依据电梯的额定载重量不同，对重架所用的型钢和钢板的规格要求也不同。在实际使用中，不同规格的型钢作对重架直梁时，必须配相对应的对重铁块。

对重铁块一般用铸铁做成。在小型货梯中，也有采用钢板夹水泥的对重块。对重块一般有50kg、75kg、100kg、125kg等几种，分别适用于额定载重量为

500kg、1000kg、2000kg、3000kg 和 5000kg 等几种电梯。对重铁块放入对重架后，需用压板固定好，防止电梯在运行过程中窜动而产生意外和噪声。

为了使对重装置能对轿厢起最佳的平衡作用，必须正确计算对重装置的总重量。对重装置的总重量与电梯轿厢本身的净重和轿厢的额定载重量有关，这在出厂时由厂家设计好，不允许随便改动。他们之间的关系为：

$$P = G + Q \cdot K \tag{7-1}$$

其中　P——对重总质量（kg）；

G——轿厢自重（kg）；

Q——轿厢额定载重（kg）；

K——平衡系数，一般取 0.4～0.5。

电梯在安装时，根据电梯设计技术文件计算出对重的总重量之后，再根据每个对重块的重量确定放入对重架的对重块数量。对重装置过轻或过重，都会给电梯的运行造成困难，影响电梯的整机性能和使用效果，甚至造成冲顶或蹲底事故。

三、电梯补偿装置的作用

在电梯运行过程中，当轿厢位于最低层、对重升至最高时，曳引绳长度基本都转移到轿厢一侧，曳引绳的自重大部分也集中在轿厢一侧；相反，当轿厢位于顶层时，曳引绳长度及自重大部分转移到对重一侧；同时，电梯随行控制电缆一端固定在井道高度的中部，另一端悬挂在轿厢底部，其长度和自重也随电梯运行而发生转移。上述因素都给轿厢和对重的平衡带来影响。尤其当电梯的提升高度超过 30m 时，两侧的重量变化就变得不容忽视了，因而必须增设重量补偿装置来控制。

重量补偿装置是悬挂在轿厢和对重底面的补偿链、补偿绳等。在电梯运行时，其长度的变化正好与曳引绳长度变化趋势相反，当轿厢位于最高层时，曳引绳大部分位于对重侧，补偿链（绳）大部分位于轿厢侧；当轿厢位于最低层时，情况与上述正好相反。这样轿厢一侧和对重一侧就有了补偿的平衡作用。例如，60m 高建筑物内使用的电梯，使用 6 根 ϕ13mm 的钢丝绳，其中不可忽视的是绳的总重约 360kg，随着轿厢和对重位置的变化，这个重量将不断地在曳引轮的两侧变化，其对电梯安全运行的影响是相当大的。

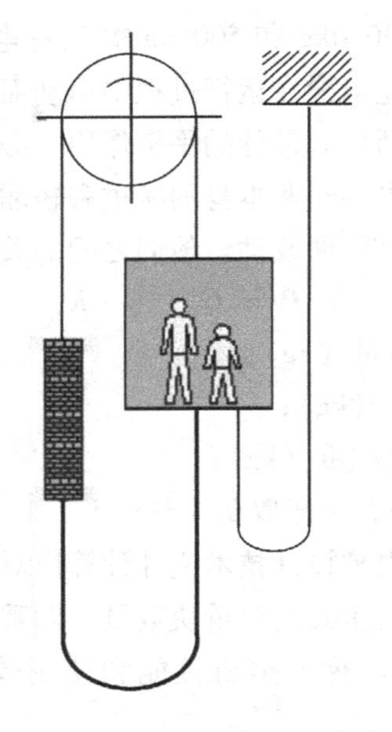

图 7－3　电梯补偿装置示意图

四、电梯补偿装置的结构及分类

1．重量补偿装置的种类

（1）补偿链。这种补偿装置以铁链为主体，为了减少电梯运行中铁链链环之间的碰撞噪音，常用麻绳穿在铁链环中。补偿链在电梯中通常采用一端悬挂在轿厢下面，另一端挂在对重装置的下部，其示意如图 7－4 所示。这种补偿装置的特点是结构简单，成本较低，但不适用于梯速超过 1.75m/s 的电梯。

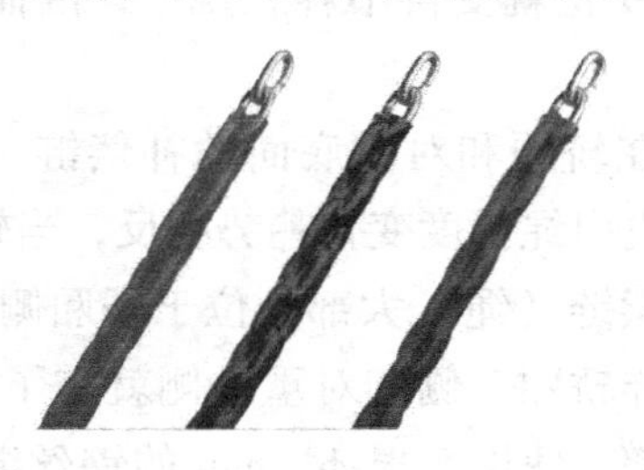

图 7－4　电梯常见补偿链

（2）补偿绳。这种补偿装置以钢丝绳为主体，即将数根钢丝绳经过钢丝绳绳夹和挂绳架，一端悬挂在轿厢底梁上，另一端悬挂在对重架上。这种补偿装置的特点是电梯运行稳定、噪音小，故常用在额定速度超过 1.75m/s 的电梯上；缺点是装置比较复杂，成本相对较高，并且除了补偿绳外，还需张紧装置等附件。张紧装置必须保证在电梯运行时，张紧轮能沿导向上下自由移动，并始终张紧补偿绳。正常运行时，张紧轮处于垂直浮动状态，本身可以转动。

（3）补偿缆。补偿缆是一种新型的高密度的补偿装置。补偿缆中间为低碳钢制成的环链，在链环周围装填金属颗粒以及聚乙烯等高分子材料的混合物，最外侧制成圆形塑料保护链套，要求链套具有防火、防氧化、耐磨性能较好的特点。这种补偿缆质量密度较高，最重的可达6kg/m，最大悬挂长度可达200m，运行噪音小，可适用各种中、高速电梯的补偿装置。

【任务实施】

（一）资讯

为了更好地完成工作任务，请回答以下问题。

（1）电梯轿厢和对重的相对位置有两种，不是左边就是右边。（　　）

（2）补偿装置有补偿链和补偿绳两种。（　　）

（3）对重装置在电梯运行中起________轿厢重量的作用。

（二）学习活动

1．资料搜集

（1）电梯重量平衡系统的构成；

（2）电梯重量平衡系统的功能；

（3）电梯重量平衡系统的相关标准。

2．小组讨论

每个小组通过资料搜集，验证资料的真实性、可靠性并完成表格7－1。

表7－1　电梯重量平衡系统讨论过程记录表

序号	讨论方向	讨论内容	讨论结果	备注
1	对重架类型			
2	对重块材料和数量			
3	补偿装置的类型			
4	补偿装置的安装形式			
5	其他部件			

（三）实训活动

1．实训准备

（1）在指导教师指导下对实训电梯对重设备进行拆装。

(2) 对学生进行实训前的安全教育。

2. 实施

(1) 组织学生到相关实训场所进行实训，将实训过程记录于表7－2中（也可自行设计记录表）。

表7－2 实训电梯对重设备拆装记录

序号	拆装部件名称（按拆装顺序）	备注
1		
2		
3		
4		
5		
6		
7		
8		
9		

3. 实训总结

学生分组，每个人口述拆装实训电梯对重设备中注意事项及操作步骤。

【任务评价】

1. 成果展示

各组派代表上台总结完成任务的过程中，学会了哪些知识，展示学习成果，并叙述成果的由来。

2. 学生自我评价及反思

____

____

3. 小组评价及反思

____

____

4. 教师评估与总结

____

____

5. 各小组对工作岗位的“6S”处理

在小组和教师都完成工作任务总结后，各小组必须对自己的工作岗位进行

"整理、整顿、清扫、清洁、安全、素养"的处理；归还工量具及剩余材料。

6. 评价表（表7-3）

表7-3　电梯重量平衡系统的构成及分类学习评价表（100分）

序号	内容	配分	评分标准	扣分	得分	备注
1	授课过程	10	1. 上课时无故迟到（扣1～8分）			
			2. 上课时交头接耳（扣1～4分）			
			3. 上课时玩手机、打瞌睡（扣1～8分）			
2	工具材料准备	20	1. 工具材料未按时准备（扣15分）			
			2. 工具材料未准备齐全（扣1～5分）			
3	资料搜集	20	1. 未参与搜集资料（扣15分）			
			2. 资料搜集不齐全（扣1～5分）			
4	小组讨论	20	1. 未参与小组讨论（扣15分）			
			2. 小组讨论不积极（扣1～5分）			
5	观察重量平衡系统	20	1. 不按要求到实训场所进行（扣20分）			
			2. 无记录（扣20分）			
			3. 记录不详细（扣10分）			
6	职业规范和环境保护	10	1. 在工作过程中工具和器材摆放凌乱（扣4～5分）			
			2. 不爱护设备、工具，不节省材料（扣4～5分）			
			3. 在工作完成后不清理现场，在工作中产生的废弃物不按规定处置，各扣5分（若将废弃物遗弃在课桌内的可扣10分）			
得分合计						
教师签名						

【知识技能扩展】

超高层建筑中电梯的补偿方式是怎样的？

项目八　电梯电力驱动系统

本项目的主要目的是掌握电梯电力驱动系统的组成与分类，理解双速交流电梯拖动系统的工作原理。这是完成本项目任务的前提，操作者在实际操作过程中，应始终牢记安全操作规范。本项目通过电梯电力驱动系统的构成和电梯电力驱动系统电路图识读 2 个任务。要求操作者在完成这 2 个任务的基础上，能够准确叙述出电梯电力驱动系统的构成，掌握电梯电力驱动系统电路图识读，培养良好的团队合作精神。

【项目目标】

（1）掌握电梯电力驱动系统的组成与分类。

（2）理解双速交流电动机拖动的工作原理。

【项目描述】

电力驱动系统由曳引电机、供电系统、速度反馈装置、调速装置等组成，对电梯实行速度控制。曳引电机是电梯的动力源，根据电梯配置可采用交流电机或直流电机。曳引机按有无减速器分类为有齿轮曳引机和无齿轮曳引机。

电梯的电力驱动系统对电梯的起动加速、稳速运行、制动减速起控制作用。拖动系统的优劣直接影响起、制动加速度、平层精度、乘坐舒适感。

任务 1　电梯电力驱动系统的构成

【工作任务】

电梯电力驱动系统的构成。

【任务目标】

（1）认识电梯电力驱动系统的构成。

（2）能够准确叙述出电梯电力驱动系统各个部件的名称及位置。

【任务要求】

通过对任务的学习，各小组能够认识电梯电力驱动系统的基本结构；能够准确叙述出电梯电力驱动系统各个部件的名称及位置；树立牢固的安全意识与规范操作的良好习惯；任务完成后各小组能够叙述出电梯层门有哪些部件及分类。

【能力目标】

小组发挥团队合作精神搜集电梯层门的构成及分类的相关资料、图片并展示。

【任务准备】

一、电梯电力驱动系统的构成

拖动系统是电气部分的核心，电梯的运行是由拖动系统完成的。

轿厢的上下、启动、加速、匀速运行、减速、平层停车等动作，完全由曳引电动机拖动系统完成。

电梯运行的速度、舒适感、平层精度由拖动系统决定。

电力驱动系统组成：曳引电动机、供电系统、速度反馈装置、电动机调速装置，如表 8－1 所示。

表 8－1 电梯电力驱动系统的组成

电力驱动系统	轿厢运动的电力驱动系统	曳引电动机
		供电系统
		速度反馈装置
		电动机调速装置
	电梯门开关运动的电力驱动系统	

如按照曳引电动机是采用直流电动机还是交流电动机，可将电动拖动系统分为直流拖动系统和交流拖动系统，如表 8－2 所示。

表 8-2　电梯电力驱动系统的分类

类别	拖动方式
直流拖动系统	单相励磁、发电机供电的直流电动机拖动
	三相励磁、发电机供电的直流电动机拖动
	晶闸管供电的直流电动机拖动
	斩波控制的直流电动机拖动
交流拖动系统	双速交流异步电动机变极调速拖动
	交流调压-能耗制动的交流异步电动机拖动
	交流调压-涡流制动的交流异步电动机拖动
	交流调压-反接制动的交流异步电动机拖动
	变压变频（VVVF）交流异步电动机拖动
	永磁同步电动机变极拖动
	直线电动机拖动

1. 交流变极调速系统

变极调速原因：为准确平层，要求电梯停车前的速度越低越好，这时，就要求交流电动机不仅仅只有一种转速，而是要有两种或三种转速。

方法：改变电动机定子绕组的极对数，因为交流异步电动机转速与其极对数成反比，改变极对数就可改变同步转速。

特点：多用于开环方式控制，线路简单，价格低，但乘坐舒适感差。

应用：速度不大于 1m/s 的电梯。

2. 交流变压调速系统

控制方式：可控硅闭环调速。

特点：乘坐舒适，平层精确度高。

应用：速度为 2.5m/s 以下的电梯。

3. 调频调压调速系统

特点：节能、效率高、驱动设备体积小、重量轻。

应用：高速电梯。

4. 直流拖动系统

特点：调速性能好、调速范围大。

在上列各种拖动方式中，发电机组供电的直流电动机拖动系统由于能耗大、技术落后，已不再生产；于 20 世纪 60 年代后期生产的双速交流异步电动机变极调速拖动系统，也已不再生产，但在额定运行速度≤0.63m/s 的低层站、大载重量货梯仍有使用；而 20 世纪 70 ～ 80 年代出现的变压变频（VVVF）交流异步电动机拖动系统，以其优异的性能和逐步降低的价格已成为大部分新装电梯的拖动方式；永磁同步电动机今年来开始在快速、高速无齿电梯中应用，是目前最有发展前途的拖动方式；对于目前不断发展的超高层建筑，由于电梯中心区的面积占建筑总水平投影面积的比例将会超过50%，采用直线电动机驱动的无曳引绳将能够改变这种状况，因此预计直线电动机的拖动系统将是未来电梯的发展方向。

二、电梯的速度曲线

1．对电梯快速性的要求

电梯作为一种交通工具，对于快速性的要求是必不可少的。快速可以节省时间，这对于处在快节奏的现代社会的乘客是很重要的。

快速性的获得方法：

（1）提高电梯额定速度。电梯的额定速度提高，运行时间缩短，从而达到为乘客节省时间的目的。在提高电梯额定速度的同时，应加强安全性、可靠性的措施，因此梯速提高，造价也随之提高。

（2）集中布置多台电梯。通过电梯台数的增加来节省乘客候梯时间。这种方法不直接提高梯速，但是为乘客节省时间的效果是相同的。

（3）尽可能减少电梯启、停程中的加、减速时间。

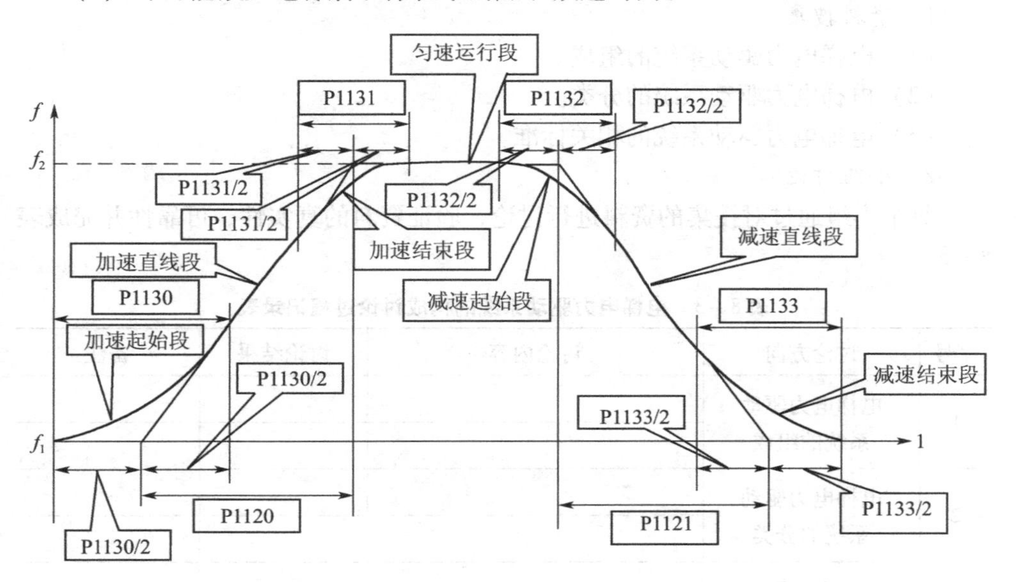

图8－1　电梯的速度曲线

电梯是一个频繁启动、制动的设备。它的加、减速所有时间往往占运行时间很大的比例。

2. 对电梯舒适性的要求

（1）由加速度引起的不适。

（2）由加速度变化率引起的不适。

3. 电梯的速度曲线

【任务实施】

（一）资讯

为了更好地完成工作任务，请回答以下问题。

（1）电梯的电力驱动系统包括__________和__________的拖动系统。如果按照曳引电动机是采用直流或交流电动机，又可以分为__________拖动系统和__________拖动系统。

（2）由双速交流异步电动机拖动的电梯，在楼层区间运行时是__________绕组，在停层前换速后是__________绕组。

（3）变压变频（VVVF）调速系统应具有能同时改变供电__________和__________的功能。

（二）学习活动

1. 资料搜集

（1）电梯电力驱动系统的组成。

（2）电梯电力驱动系统的分类。

（3）电梯电力驱动系统的相关标准。

2. 小组讨论

每个小组通过对搜集的资料进行讨论，验证资料的真实性、可靠性并完成表8－3。

表8－3 电梯电力驱动系统的构成讨论过程记录表

序号	讨论方向	讨论内容	讨论结果	备注
1	电梯电力驱动系统的组成			
2	电梯电力驱动系统的分类			
3	电梯电力驱动系统的相关标准			

（三）实训活动

1. 实训准备

由指导教师对操作的安全规范要求作简单介绍，操作过程应注意安全。

2. 观察与测量

（1）学生以2～4人为一组，在教师的带领下观察双速交流轿厢的异步电动机拖动的电梯轿厢的起动到平层停梯的全过程。

（2）在教师的指导下，按照表8－4的要求，分组测量实训电梯曳引电动机运行电流的数据，用钳形电流表测量曳引电动机起动与换速（制动）时最大的电流，以及匀速运行时的电流，测量结果记录于表8－4中。

表8－4　实训电梯曳引电动机运行电流测量记录

起动电流	制动电流	匀速运行电流	备注

【任务评价】

1. 成果展示

各组派代表上台总结完成任务的过程中，学会了哪些知识，展示学习成果，并叙述成果的由来。

2. 学生自我评价及反思

____

____

3. 小组评价及反思

____

____

4. 教师评估与总结

____

____

5. 各小组对工作岗位的“6S”处理

在小组和教师都完成工作任务总结后，各小组必须对自己的工作岗位进行“整理、整顿、清扫、清洁、安全、素养”的处理，归还工量具及剩余材料。

6. 评价表（表8－5）

表 8－5　电梯电力驱动系统的构成学习评价表（100 分）

序号	内容	配分	评分标准	扣分	得分	备注
1	授课过程	10	1. 上课时无故迟到（扣 1 ～ 4 分）			
			2. 上课时交头接耳（扣 1 ～ 2 分）			
			3. 上课时玩手机、打瞌睡（扣 1 ～ 4 分）			
2	工具材料准备	20	1. 工具材料未按时准备（扣 15 分）			
			2. 工具材料未准备齐全（扣 1 ～ 5 分）			
3	资料搜集	20	1. 未参与搜集资料（扣 15 分）			
			2. 资料搜集不齐全（扣 1 ～ 5 分）			
4	小组讨论	20	1. 未参与小组讨论（扣 15 分）			
			2. 小组讨论不积极（扣 1 ～ 5 分）			
5	实训活动	20	1. 未参与实训活动（扣 15 分）			
			2. 实训活动不积极或记录不清晰（扣 1 ～ 5 分）			
			3. 实训过程中肆意破坏实训设备或工具（扣 20 分）			
6	职业规范和环境保护	10	1. 在工作过程中工具和器材摆放凌乱（扣 4 ～ 5 分）			
			2. 不爱护设备、工具，不节省材料（扣 4 ～ 5 分）			
			3. 在工作完成后不清理现场，在工作中产生的废弃物不按规定处置，各扣 5 分（若将废弃物遗弃在课桌内的可扣 10 分）			
得分合计						
教师签名						

【知识技能扩展】

电梯拖动系统对舒适感的影响有哪些？

任务2 电梯电力驱动系统电路图识读

【工作任务】

电梯电力驱动系统电路图识读。

【任务目标】

（1）掌握电梯电力驱动系统电路图识读。
（2）理解双速交流异步电动机拖动系统的工作原理。

【任务要求】

通过对任务的学习，各小组能够掌握电梯电力驱动系统电路图识读；理解双速交流异步电动机拖动系统的工作原理，树立牢固的安全意识与规范操作的良好习惯，任务完成后各小组能够叙述出电梯电力驱动系统有哪些部件及分类。

【能力目标】

小组发挥团队合作精神搜集电梯电力驱动系统电路图识读的相关资料、图片并展示。

【任务准备】

一、双速交流异步电动机拖动系统

双速交流异步电动机拖动系统是一种较为简单、实用的电力驱动系统。在20世纪60年代后期生产的货梯和客货两用梯多采用这种拖动系统，至今在许多企业仍在使用。

1．调速原理

按照交流异步电动机的原理，电动机的转速公式为

$$n = \frac{60f_1}{p}(1 - s) = n_1(1 - s) \tag{8-1}$$

单速：仅用于低速杂物梯；

双速：4极、16极、6极和24极；

三速：6/8/24极或6/4/18极；

电动机极数少的绕组称为快速绕组，极数多的称为慢速绕组。

由式（8－1）可见，在电源频率f_1一定的前提下，电动机的同步转速n_1与磁极对数p成反比。当磁极对数p改变时，电动机的同步转速n_1将成倍数地变化，从而使电动机的转速n也近似倍数地变化。因此专门制造有变极调速的双速（或三速）异步电动机。如电梯专用的YTD系列双速笼型一部电动机，有高、低速两套绕组，高速绕组为6极电动机（$p=3$，$n_1=1000$转/min），低速绕组为24极电动机（$p=12$，$n_1=250$转/min）。

2．电路及工作过程分析

曳引电动机主电路如图8－2所示。

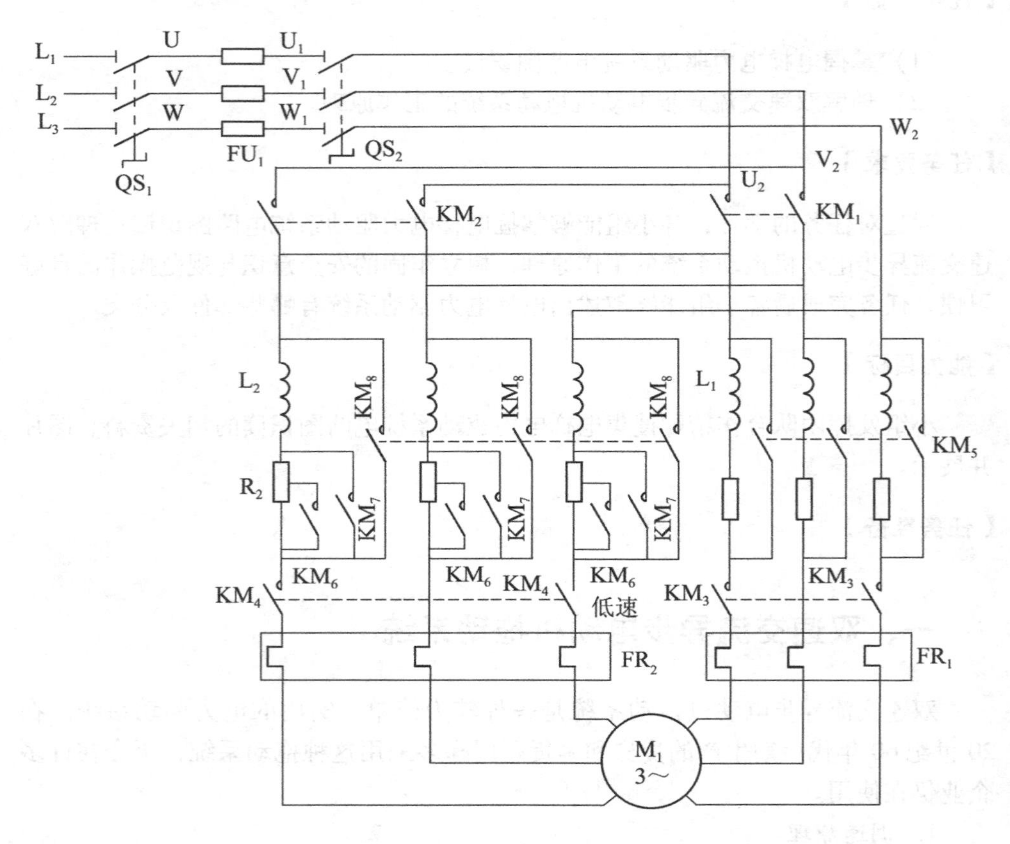

图8－2　曳引电动机主电路

图中M_1为曳引电动机，采用电梯专用的YTD系列双速笼型异步电动机，有接触器KM_1、KM_2控制正反转。由KM_3接通高速绕组，由KM_4接通低速绕组。在启动时电动机的高速绕组传入阻抗R_1、L_1减压启动，由时间继电器KT_1控制KM_5一次短接R_1、L_1。在停层前先由高速转为低速，电梯慢速运行，以作为运行与停靠之间的缓冲，提高平层的准确性和乘坐的舒适感。换速时电动机除去再生发电制动状态，并传入阻抗R_2、L_2限制制动电流，分别由时间继电器KT_2、

KT_3、KT_4 控制 KM_6、KM_7、KM_8 分三级短接 R_2、L_2。

QS_1 作为电源的总开关；QS_2 为极限开关，在电梯超越行程的极限位置时切断电源。FU_1 作为全电路的短路保护。FR_1 和 FR_2 分别作 M_1 高、低速运行的过载保护。

当电动机的转矩大于负载转矩时，加速度为正，转速上升；当电动机的转矩小于负载转矩时，加速度为负，转速降低；如果电动机转矩等于负载转矩，加速度为零，转速不变，电梯稳速运行。双速交流电动机有两个速度运行阶段，一个是高速运行阶段，一个是低速运行阶段，因此双速电梯的起动加速和换速减速过程的速度变化不是圆滑的。通常电动机起动电流最大约为额定电流的 4 倍，传入电抗后可减小到一般要求的 2 倍，从而可减少气动的冲击电流，改善舒适感。而这种拖动系统没有速度反馈环节，舒适感较差。

【任务实施】

（一）资讯

为了更好地完成工作任务，请回答以下问题。

（1）双速交流异步电动机采用的是____________调速。

（2）双速交流异步电动机拖动的电梯，电动机换速后处于____________工作状态。

（二）学习活动

1. 资料搜集

（1）双速交流拖动系统的构成。

（2）双速交流拖动系统的工作原理。

（3）双速交流拖动系统的相关标准。

2. 小组讨论

每个小组通过对搜集的资料进行讨论，验证资料的真实性、可靠性并完成表 8－6。

表 8－6 电梯拖动系统的构成及分类讨论过程记录表

序号	讨论方向	讨论内容	讨论结果	备注
1	双速交流拖动系统的构成			

（续表 8-6）

序号	讨论方向	讨论内容	讨论结果	备注
2	双速交流拖动系统的工作原理			
3	双速交流拖动系统的相关标准			

（三）实训活动

1. 实训准备

（1）指导教师先到电梯所在场所“踩点”，了解周边环境，事先做好预案（参观路线、学生分组等）。

（2）对学生进行参观前的安全教育。

2. 参观活动

（1）组织学生到相关实训场所参观电梯，将观察结果记录于表 8-7 中（也可自行设计记录表）。

表 8-7　实训电梯参观记录

电梯类型	客梯；货梯；客货两用梯；观光梯；特殊用途电梯；自动扶梯；自动人行道
安装位置	
主要用途	载客；货运；观光；其他用途
拖动方式	直流；交流；液压；齿轮齿条；螺旋式
运行速度	低速；快速；高速；超高速
电动机形式	交流双速；交流单速；VVVF；ACVV；其他
其他	

3. 参观总结

学生分组，每个人口述所参观的电梯电力驱动系统的部件及基本功能等。

【任务评价】

1. 成果展示

各组派代表上台总结完成任务的过程中，学会了哪些知识，展示学习成果，并叙述成果的由来。

2. 学生自我评价及反思

____

____

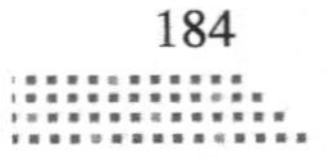

3. 小组评价及反思

____

____

4. 教师评估与总结

____

____

5. 各小组对工作岗位的“6S”处理

在小组和教师都完成工作任务总结后，各小组必须对自己的工作岗位进行“整理、整顿、清扫、清洁、安全、素养”的处理，归还工量具及剩余材料。

6. 评价表（表8－8）

表8－8　电梯拖动系统的构成及分类学习评价表（100分）

序号	内容	配分	评分标准	扣分	得分	备注
1	授课过程	10	1. 授课时无故迟到（扣1～4分）			
			2. 授课时交头接耳（扣1～2分）			
			3. 授课时玩手机、打瞌睡（扣1～4分）			
2	工具材料准备	20	1. 工具材料未按时准备（扣15分）			
			2. 工具材料未准备齐全（扣1～5分）			
3	资料搜集	20	1. 未参与搜集资料（扣15分）			
			2. 资料搜集不齐全（扣1～5分）			
4	小组讨论	20	1. 未参与小组讨论（扣15分）			
			2. 小组讨论不积极（扣1～5分）			
5	参观实训电梯	20	1. 不按要求到实训场所进行参观（扣20分）			
			2. 无电梯参观记录（扣20分）			
			3. 参观过程不认真或参观记录不详细（扣10分）			
6	职业规范和环境保护	10	1. 在工作过程中工具和器材摆放凌乱（扣4～5分）			
			2. 不爱护设备、工具，不节省材料（扣4～5分）			
			3. 在工作完成后不清理现场，在工作中产生的废弃物不按规定处置，各扣5分（若将废弃物遗弃在课桌内的可扣10分）			
得分合计						
教师签名						

【知识技能扩展】

变压变频调速拖动系统与双速交流拖动系统电路图有何异同？

项目九　电梯电气控制系统

本项目的主要目的是熟悉电梯电气控制系统的构成，掌握电梯电气控制系统电气原理图识读。这是完成本项目任务的前提，操作者在实际操作过程中，应始终牢记安全操作规范。本项目通过电梯电气控制系统的构成和电梯电气控制系统电气原理图识读2个任务，要求操作者在完成这2个任务的基础上，能够准确叙述出电梯电气控制系统的构成，掌握电梯电气控制系统电气原理图识读，培养良好的团队合作精神。

【项目目标】

（1）熟悉电梯电气控制系统的构成。

（2）熟悉电梯电气控制系统电气原理图识读。

【项目描述】

电梯电气控制系统的功能是：对电梯的运行过程实行操纵和控制，完成各种电气动作功能，保证电梯的安全运行。电梯的运行程序通常是定向（选层）→（关门）→启动加速→稳速运行→制动减速→平层停梯→开门。整个过程由电气控制系统实现自动控制。

电气控制系统由操纵系统、平层装置、位置显示装置、选层器等电器部件和轿厢位置检出电路、轿内选层电路、厅外呼梯电路、开关门控制电路、门联锁电路、自动定向电路、启动电路、运行电路、换速电路平层电路等控制环节所组成。

任务1　电梯电气控制系统的构成

【工作任务】

电梯电气控制系统的构成。

【任务目标】

（1）认识电梯电气控制系统的构成。

（2）能够准确叙述出电梯各电气元件的名称及安装位置。

【任务要求】

通过对任务的学习，各小组能够认识电梯电气控制系统的构成；能够准确叙述出电梯各电气元件的名称及安装位置；树立牢固的安全意识与规范操作的良好习惯；任务完成后各小组能够叙述出电气控制系统的原理及主要工作部件。

【能力目标】

小组发挥团队合作精神搜集电梯电气控制系统构成的相关资料、图片并展示。

【任务准备】

一、电梯电气控制系统的分类

电梯的电气控制系统在20世纪80年代前，基本是采用继电器逻辑电路，它具有原理简明、直观、容易掌握的优点，通过学习继电器逻辑电路，有助于掌握电梯控制电路的原理和各控制环节的逻辑关系。随着控制技术和器件的发展，继电器控制系统现在已被可编程序控制器（PLC）控制系统和微机控制系统所代替。

（一）继电器控制系统

继电器控制系统具有原理简明易懂、线路直观、易于掌握等优点。继电器通过触点断合进行逻辑判断和运算，进而控制电梯的运行。由于触点易受电弧损害，寿命短，因而继电器控制电梯的故障率较高，具有维修工作量大、设备体积大、动作速度慢、控制功能少、接线复杂、通用性与灵活性较差等缺点。对不同的楼层和不同的控制方式，其原理图、接线图等必须重新设计和绘制。因此继电器控制方式已基本被可靠性高、通用性强的PLC及微机控制系统所代替。

（二）可编程序控制器（PLC）控制系统

PLC控制系统具有编程方便、抗干扰能力强、工作可靠性高、易于构成各种应用系统，以及安装维护方便等优点。目前国内已有多种类型PLC控制电梯产品，而且更多的在用电梯已采用PLC进行技术改造。控制功能虽然没有微机控制功能多、灵活性强，但它综合了继电器控制与微机控制的许多优点，使用简便，易于维护。

（三）微型计算机控制系统

当代电梯技术发展的一个重要标志就是将微机应用于电梯控制。现在国内外的主要电梯产品均以微机控制为主。微机应用于电梯控制主要有以下几个方面：

（1）微机易于召唤信号处理，完成各种逻辑判断和运算，取代继电器控制和机械结构复杂的选层器，从而提高了系统的适应能力，增强了控制系统的通用性。

（2）微机用于控制系统的调速装置，用数字控制取代模拟控制，由存储器提供多条可选择的理想速度指令曲线值，以适应不同的运行状态和控制要求。与模拟调速相比，微机控制可实现各种调速方案，有利于提高运行性能与乘坐舒适感。

（3）用于群梯控制管理，实行最优调配，提高运行效率，减少候梯时间，节约能源。由微机实现继电器的逻辑控制功能，具有较大的灵活性，不同的控制方式可用相同的硬件，只是软件不相同。当电梯的功能、层站数变化时，通常无需增减继电器和改动大量外部线路，一般可通过修改控制程序来实现。

二、电梯电气控制系统的主要电气元器件

电梯电气控制系统的元器件主要有断路器（NF3/2）、相序继电器（NPR）、控制柜急停开关（EST1）、限速器开关（GOV）、盘车轮开关（PWS）、上极限开关（DTT）、下极限开关（OTB）、地坑上急停开关（EST2A）、地坑下急停开关（EST2B）、缓冲器开关（BUFS）、张紧轮开关（GOV1）、轿顶急停开关（EST3）、安全钳开关（SFD）、轿内急停开关（EST4）、安全接触器（JDY），以及电源总开关、厅门锁开关、轿内操纵箱、厅外召唤箱、轿门终端开关、平层装置、主控制微机板、开关电源等。部分电气设备和电气元件如图 9－1 所示。

缓冲器开关

轿顶急停开关

控制柜急停开关

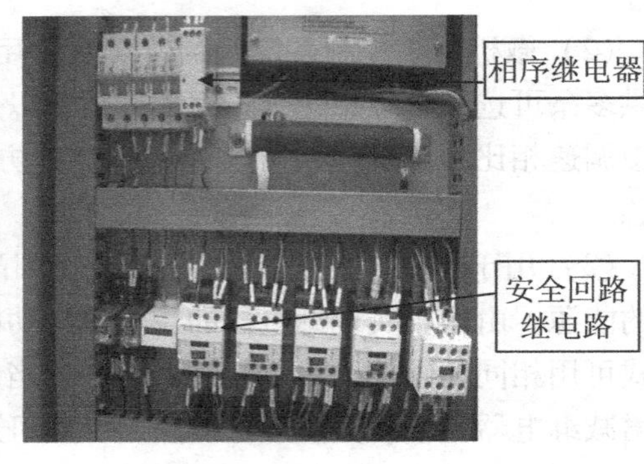
相序继电器
安全回路继电路

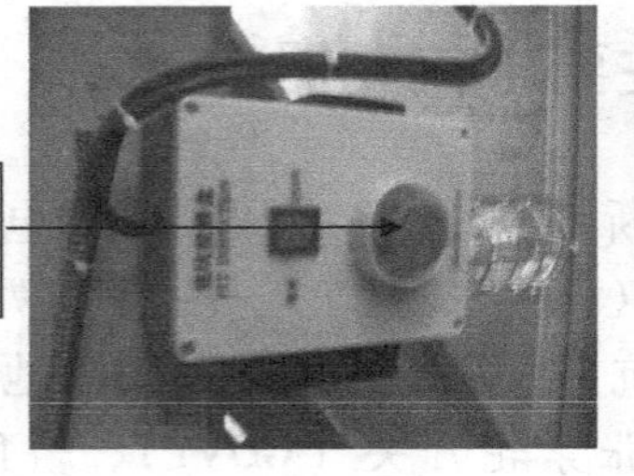
底坑急停开关

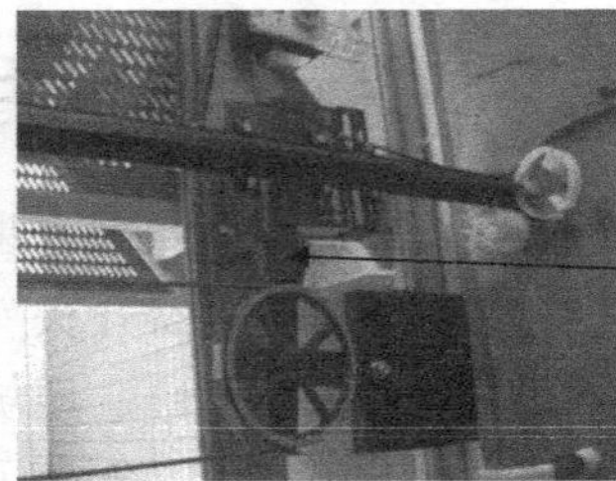
涨紧轮断绳开关

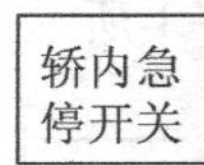

轿内急停开关

盘车轮开关

接触器

厅门锁开关

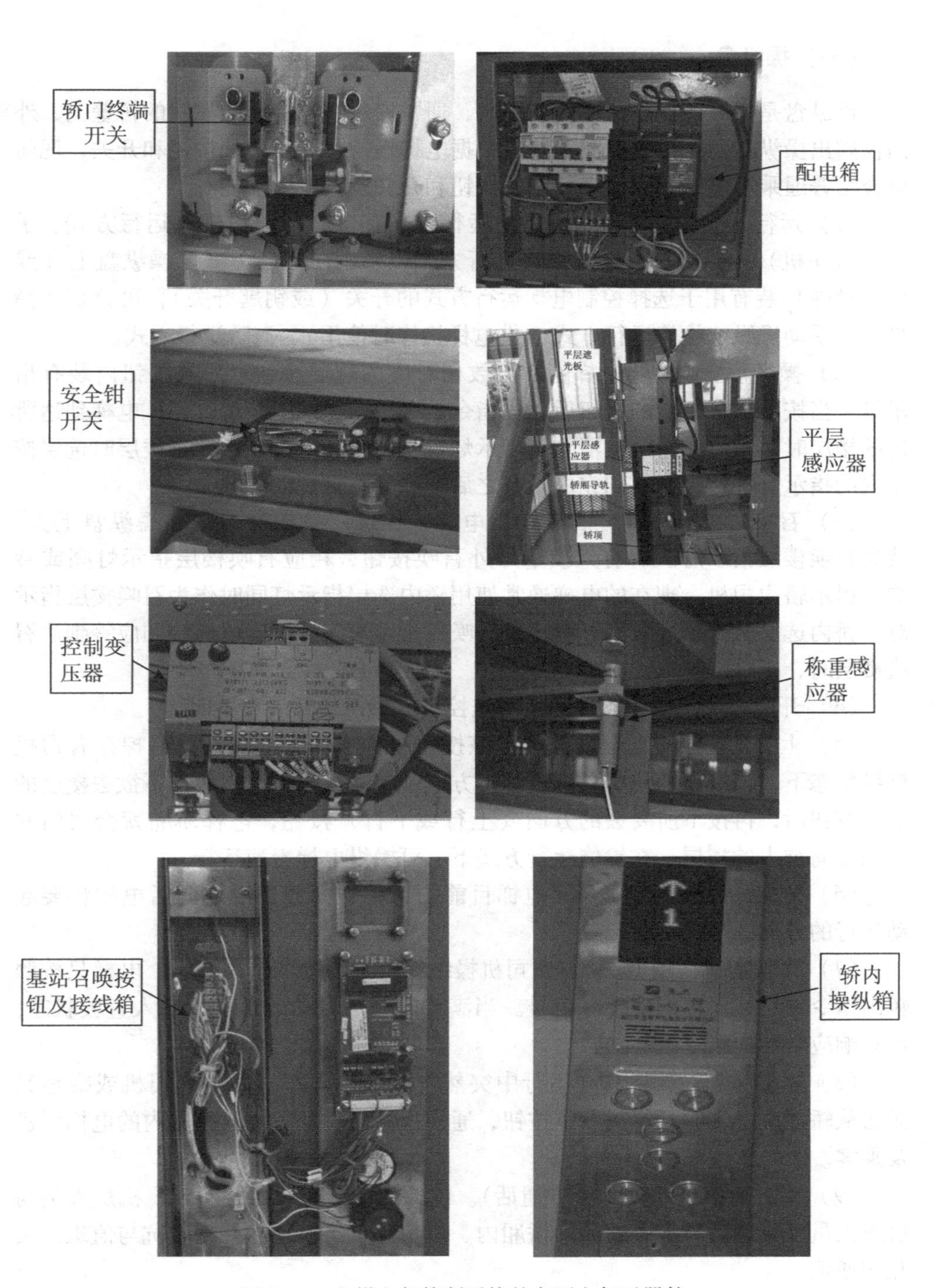

图 9－1　电梯电气控制系统的主要电气元器件

（一）操纵盘

操纵盘是操纵电梯运行的控制中心，通常安装在电梯轿厢靠门的轿壁上，外面仅露出操纵盘面。操纵盘面上装有根据电梯运行功能设置的按钮和开关，现简单介绍普通乘客电梯操纵盘上装有的按钮和开关及其主要功能。

（1）运行方式开关。电梯的主要运行方式有自动（无司机）运行方式、手动（有司机）操纵运行方式、检修运行方式以及消防运行方式。操纵盘上（或操纵盘内）装有用于选择控制电梯运行方式的开关（或钥匙开关），可分别选择自动、手动操纵、检修运行方式（供电梯检修时使用）、消防运行方式。

（2）操纵盘上装有与电梯停站层数相对应的选层按钮，通常按钮内装有指示灯。当按下欲去楼层的按钮后，该指令被登记，相应的指示灯亮；电梯到达所选的楼层时，相应的指令被消除，指示灯也就熄灭；未停靠在预选楼层时选层按钮内的指示灯仍然亮，直到完成指令之后方熄灭。

（3）召唤楼层指示灯。信号控制电梯，在选层按钮旁边或在操纵盘上方，装有召唤楼层指示灯。若有人按下厅外召唤按钮，相应召唤楼层指示灯亮或铃响，提示轿内司机。现在的电梯通常使用轿内选层指示灯同时作为召唤楼层指示灯，轿内选层时指示灯常亮，而厅外召唤时指示灯闪烁。当电梯轿厢应答到达召唤楼层时，指示灯熄灭。

（4）开门与关门按钮。它的作用是控制电梯门的开启和关闭。

（5）上方向与下方向起动按钮。该按钮也称方向起动按钮。电梯在有司机操纵状态下，该按钮的作用是确定运行方向及起动运行。当司机按下欲去楼层的选层按钮后，再按下所要去的方向（上行或下行）按钮，电梯轿厢就会关门并起动驶向欲去的楼层。在检修运行方式下，可操纵电梯慢速运行。

（6）方向指示灯。它显示了电梯目前的运行方向或选层定向后电梯将要起动运行的方向。

（7）直驶按钮（或开关）。在司机操纵状态下，按下这个按钮，电梯只按照轿内指令停层，而不响应外呼信号。当满载时，可自动地将电梯转入直驶状态，也只响应轿厢内指令。

（8）报警按钮。当电梯在运行中突然发生故障停车，而电梯司机或乘客又无法从轿厢中出来时可以按下该按钮，通知维修人员及时援救轿厢内的电梯司机及乘客。

（9）多方通话（三方和五方通话）。电梯的三方通话即轿厢内、机房人员与值班人员互相通话；五方通话即轿厢内、机房人员、轿顶、井道底坑与值班人员互相通话。

（10）召唤蜂鸣器。电梯在有司机状态下，若有人按下厅外召唤按钮，操纵盘上的蜂鸣器发出声音，提醒司机及时应答。

（11）风扇开关。控制轿厢通风设备的开关。

（12）照明开关。用于控制轿厢内照明设施。其电源不受电梯动力电源的控制，当电梯故障或检修停电时，轿厢内仍有正常照明。

（13）急停开关。当出现紧急状态时按下急停开关，电梯立即停止运行。

（二）楼层指示器（指层灯）

电梯楼层指示器用于指示电梯目前所在的位置及运行方向。通常电梯楼层指示器有：电梯上下运行方向指示灯和楼层指示灯，以及到站钟等。

层数指示灯一般采用信号灯和数码管两种。

（1）信号灯。在楼层指示器上装有和电梯运行楼层相对应的信号灯，每个信号灯外都有数字表示。当电梯轿厢运行到达某层时，该层的楼层指示灯就亮；离开某层后，则该层的楼层指示灯就灭，指示轿厢目前所在的位置。根据电梯选定方向，上下方向指示灯一般为白炽灯和上、下行三角指示，通常用“▲”表示上行、“▼”表示下行。

（2）数码管。数码管楼层指示器，一般在微机或 PLC 控制的电梯上使用，楼层指示器上有译码器和驱动电路，显示轿厢到达楼层位置。数码管的外形显示及原理示意，如图所示。若电梯运行楼层超过 9 层时，则每层指示用的数码管需要两个，可显示 -9 ～ 99 共 108 个不同的楼层数。有的为提醒乘客和厅外候梯人员电梯已到本层，电梯配有喇叭（俗称语音报站、到站钟），以声响来传送到站信息。

（三）呼梯按钮盒

呼梯按钮盒是给厅外乘用人员提供召唤电梯的装置。在下端站只装一个上行呼梯按钮，上端站只装一个下行呼梯按钮，其余的层站根据电梯功能，有装上呼和下呼两个按钮（全集选），也有仅装一个下呼梯按钮（下集选），各按钮内均装有指示灯。当按下向上或向下按钮时，相应的呼梯指示灯立即亮。当电梯到达某一层站时，该层顺向呼梯指示灯熄灭。

另外，在下端站（基站）的呼梯按钮盒内，通常装有钥匙开关和消防开关，钥匙开关用来开启和关锁电梯，消防开关用于发生火灾时切换到消防运行方式。

（四）平层装置

为保证电梯轿厢在各层停靠时准确平层，通常在轿顶与井道相应位置设置平层装置。

1. 平层装置的结构与原理

在轿厢顶部装有 2 个或 3 个干簧管式感应器（2 个的为上、下平层感应器，3 个的为中间多加一个开门区感应器），遮磁板装在井道导轨支架上。

遮磁板由铁板按规定尺寸和形状制成。感应器是由U形永磁钢、干簧管、盒体组成。其工作原理是：由U形永磁钢产生磁场对干簧管感应器产生作用，使干簧管内的触点动作，即动合（常开）触点闭合，动断（常闭）触点断开。当遮磁板插入U形永磁钢与干簧管中间空隙时，永磁钢磁路被遮磁板短路，使干簧管失磁，其触点恢复原来的状态，即动合触点断开，动断触点闭合。当遮磁板离开感应器后，磁场又重新形成，干簧管内的触点又动作。当轿厢运行到平层位置时，井道上的遮磁板顺序插入干簧管感应器，达到控制继电器发出平层停车指令的目的。

2. 平层过程

现以上平层为例，说明装有3个干簧管感应器的平层装置的工作过程。

(1) 当电梯轿厢上行接近预选的层站时，电梯运行速度由快速减为慢速继续上行，装在轿厢顶上的上平层感应器先进入遮磁板，此时电梯仍继续慢速上行。

(2) 接着开门区域感应器进入遮磁板，使干簧管继电器动作，开门继电器提前吸合，轿门、厅门提前打开。

(3) 此时轿厢仍然继续慢速上行，当遮磁板插入下平层感应器时，轿厢、停在预选层站。如果没有装中间的开门区域继电器，则没有提前开门的功能，而平层的效果是一样的。

(4) 如果电梯轿厢因某种原因超越平层位置时，上平层感应器离开了遮磁板，通过电路控制能够使电梯反向下行再平层，最后回到准确的平层位置再停止。

(五) 选层器

1. 选层器的主要功能

(1) 根据（电梯轿厢内、外的）选层信号及轿厢当前所在位置确定电梯的运行方向性。

(2) 当电梯将要到达所需停站的楼层时，发出换速信号使其减速。

(3) 当平层停车后，消去已应答的呼梯信号，并指示轿厢位置。

2. 选层器的类型

常用的选层器有机械式、继电器式和数字式3种，其中前两种已随着继电器控制电路逐步被淘汰而淘汰。

(1) 机械式选层器。机械式选层器的原理是以机械方式模拟电梯轿厢运行的状态，准确反映轿厢运行位置，并以有触点的开关信号对电梯进行控制。

(2) 继电器式选层器。继电器式选层器是通过安装在井道内每一层的层楼信号感应器，在轿顶装遮磁板或双稳态开关来获得轿厢位置信号，由继电器实现轿厢位置控制。

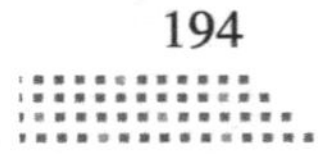

（3）数字式选层器。它由专门的选层传送信息装置与接收装置组成，并经微机处理与运算来完成选层任务。通常有格雷码编码选层器、光电码盘选层器和测速发电机选层器等几种。

光电码盘选层器是在曳引机的轴伸端安装一个与曳引电动机一起转动的光电盘，光电盘在同一圆周上均匀地打着许多小孔，圆盘的一侧是发光器，另一侧为接收器。当曳引机旋转时，光电盘也跟着旋转，每当圆盘上的小孔经过发光器时，由发光器发出的光线穿过圆盘，使接收器接收到光脉冲信号，并将它转变为电脉冲信号输入微机。根据该脉冲数及对应时间，可以计算出电梯运行距离和速度。当有了脉冲计数和层楼数据后，配合登记的呼梯信号，微机就可对电梯进行定向、选层、指层、销号、减速等控制。圆盘上的小孔数量越多，定位精度越高。

（六）电气控制柜（屏）

电气控制柜（屏）是电梯实现控制功能的主要装置，电梯电气控制系统中的绝大部分的继电器、接触器、控制器、电源变压器、变频器等均集中安装在电气控制柜（屏）中。电气控制柜（屏）通常安装在电梯的机房里。

（七）检修装置

在轿顶设有电梯检修装置，供电梯检修时使用。装置内设有检修开关、停止按钮以及慢上、慢下按钮。轿顶检修箱还装有电源插座、照明灯及其他开关等。轿顶检修开关优先权最高。也有的电梯在机房、轿内同样设有检修盒。

（八）门机及调速电阻箱

电梯多使用直流电动机作为门开关的拖动电动机，利用直流电动机的良好调速性能，通过切换电阻改变电动机的电枢电压，可以调节开关门速度。门机及调速电阻箱通常安装在轿顶。

（九）行程终端限位保护装置

为防止电梯超越行程位置发生冲顶或蹲底，在井道的上下两端安装了强迫换速开关、限位开关和极限开关。

【任务实施】

（一）资讯

为了更好地完成工作任务，请判断以下说法是否正确？

（1）安全保护电路为并联电路。（　　）

（2）相序继电器安装在轿厢内。（　　）

(3) 安全钳开关安装在机房控制柜内。( )

(4) 开关门电动机安装于轿厢顶上。( )

(二) 学习活动

1. 资料搜集

(1) 电梯电气控制系统的分类。

(2) 电梯电气控制系统的主要元器件。

(3) 电梯电气控制系统的相关标准。

2. 小组讨论

每个小组对搜集的资料进行讨论，验证资料的真实性、可靠性并完成表9-1。

表9-1 电梯电气控制系统的构成讨论过程记录表

序号	讨论方向	讨论内容	讨论结果	备注
1	电梯电气控制系统的分类			
2	电梯电气控制系统的主要元器件			
3	电梯电气控制系统的相关标准			

(三) 实训活动

1. 实训准备

(1) 指导教师先到电梯所在场所“踩点”，了解周边环境，事先做好预案(参观路线、学生分组等)。

(2) 对学生进行参观前的安全教育。

2. 参观活动

(1) 组织学生到相关实训场所参观电梯，将观察结果记录于表9-2中(也可自行设计记录表)。

表9-2 实训电梯参观记录

电梯类型	客梯；货梯；客货两用梯；观光梯；特殊用途电梯；自动扶梯；自动人行道
安装位置	
主要用途	载客；货运；观光；其他用途
电气控制系统主要部件	

3. 参观总结

学生分组，每个人口述所参观的电梯电气控制系统的主要部件及其主要功能等。

【任务评价】

1. 成果展示

各组派代表上台总结完成任务的过程中，学会了哪些知识，展示学习成果，并叙述成果的由来。

2. 学生自我评价及反思

____

____

3. 小组评价及反思

____

____

4. 教师评估与总结

____

____

5. 各小组对工作岗位的“6S”处理

在小组和教师都完成工作任务总结后，各小组必须对自己的工作岗位进行“整理、整顿、清扫、清洁、安全、素养”的处理，归还工量具及剩余材料。

6. 评价表（表9－3）

表9－3　电梯电气控制系统的构成学习评价表（100分）

序号	内容	配分	评分标准	扣分	得分	备注
1	授课过程	10	1. 上课时无故迟到（扣1～4分）			
			2. 上课时交头接耳（扣1～2分）			
			3. 上课时玩手机、打瞌睡（扣1～4分）			
2	工具材料准备	20	1. 工具材料未按时准备（扣15分）			
			2. 工具材料未准备齐全（扣1～5分）			
3	资料搜集	20	1. 未参与搜集资料（扣15分）			
			2. 资料搜集不齐全（扣1～5分）			
4	小组讨论	20	1. 未参与小组讨论（扣15分）			
			2. 小组讨论不积极（扣1～5分）			

（续表 9－3）

序号	内容	配分	评分标准	扣分	得分	备注
5	参观活动	20	1．未参与参观活动（扣 15 分）			
			2．参观活动过程记录不清晰（扣 1 ～ 5 分）			
			3．参观活动过程中不听从指导老师指挥（扣 20 分）			
6	职业规范和环境保护	10	1．在工作过程中工具和器材摆放凌乱（扣 4 ～ 5 分）			
			2．不爱护设备、工具，不节省材料（扣 4 ～ 5 分）			
			3．在工作完成后不清理现场，在工作中产生的废弃物不按规定处置（各扣 5 分，若将废弃物遗弃在课桌内的可扣 10 分）			
得分合计						
教师签名						

【知识技能扩展】

各种控制类型所需要的电气元器件种类是否一样？为什么？

任务 2　电梯电气控制系统电气原理图识读

【工作任务】

电梯电气控制系统电气原理图识读。

【任务目标】

（1）能够识读电梯电气控制原理图。
（2）能够准确叙述出电梯各电气元件动作的先后顺序。

【任务要求】

通过对任务的学习，各小组能够识读电梯电气控制原理图；能够准确叙述出电梯各电气元件动作的先后顺序；树立牢固的安全意识与规范操作的良好习惯；

任务完成后各小组能够掌握电梯电气控制原理，熟悉各元器件与线路的运作情况。

【能力目标】

小组发挥团队合作精神搜集电梯电气控制系统电气原理图识读的相关资料、图片并展示。

【任务准备】

电梯的电气控制系统主要由电源总开关、控制柜电气元件及按要求安装在电梯各部位的安全开关和电气元件组成。

按照功能的不同，电梯的电气控制系统可分为电源配电电路、电梯开关门控制电路、电梯运行方向控制电路、电梯安全保护电路、电梯呼梯及楼层显示电路、电梯消防控制电路等，各电路的功能如下：

（1）电源配电电路。电源配电电路的作用是将市电网电源（三相交流380V，单相交流220V）经断路器配送到主变压器、相序继电器、照明电路等，为电梯各用电环节提供合适的电源电压。

（2）开关门控制电路。开关门控制电路的作用是根据开门或关门的指令以及门的开、关是否到位，门是否夹到物品，轿厢承载是否超重等信号，控制开关门电动机的正反转起动和停止，从而驱动轿厢门启闭，并带动厅门启闭。

为了保护乘客及运载物品的安全，电梯运行的必备条件是电梯的轿厢门和厅门均锁好，门锁接触器才给出正常信号。

（3）运行方向控制电路。运行方向控制电路的作用是当乘客、司机或维保人员发出召唤信号后，微机主控制器根据轿厢的位置进行逻辑判断后，确定电梯的运行方向并发出相应的控制信号。

（4）安全保护电路。电梯安全保护电路（安全回路）的设置，主要是考虑电梯在使用过程中，因某些部件质量问题、保养维修欠佳、使用不当，电梯在运行中可能出现的一些不安全因素，或者维修时要在相应的位置上对维修人员采取确保安全的措施。当该电路工作不正常时，安全继电器便不能得电吸合，电梯无法正常运行。

（5）呼梯及楼层显示电路。呼梯及楼层显示电路的作用是将各处发出的召唤信号转送给微机主控制器，由微机主控制器进行逻辑判断后，发出相应的控制信号，并把电梯的运行方向和楼层位置通过楼层显示器显示。

（6）消防控制电路。消防控制电路的作用是在电梯控制系统收到火灾信号后，按照既定的程序使处于正常服务状态的电梯退出正常服务，转入消防工作状态。大多数电梯在基站呼梯按钮上方安装一个“消防开关”，该开关用透明的玻璃板封闭，开关附近注有相应的操作说明。一旦发生火灾，用硬器敲碎玻璃面板，按动消防开关，电梯马上关闭厅门，及时返回基站，使乘客安全脱离现场。

【任务实施】

（一）资讯

为了更好地完成工作任务，请回答以下问题。

（1）电梯安全保护电路的作用是什么？

（2）安全保护电路由哪些元件组成？

（3）简述安全保护电路中各元件的安装位置和作用。

（二）学习活动

1. 资料搜集

（1）电源配电电路控制原理。

（2）开关门控制电路控制原理。

（3）运行方向控制电路控制原理。

（4）安全保护电路控制原理。

2. 小组讨论

每个小组对搜集的资料进行讨论，验证资料的真实性、可靠性并完成表格9－4。

表9－4 电梯电气控制系统电气原理图识读讨论过程记录表

序号	讨论方向	讨论内容	讨论结果	备注
1	电源配电电路控制原理			
2	开关门控制电路控制原理			
3	运行方向控制电路控制原理			
4	安全保护电路控制原理			

（三）实训活动

1. 实训准备

准备表9－5所述的工具及劳保用品。

表 9－5　实训电梯门锁回路的测量所需工具及劳保用品

序号	工具名称	规格型号	数量
1	数字万用表		1 个
2	三角钥匙		1 个
3	安全帽		1 个
4	安全带		1 副
5	警示标志	机房电源箱挂牌、层站警示标志 ×2	3 个

2. 测量与调试

在教师的指导下，按照表 9－6 的要求，分组测量实训电梯门锁回路，并由教师指导进行调试。测量结果记录于表 9－6 中。

表 9－6　实训电梯控制系统电路测量

测量项目	测量项目（内容）	测量数据 1	测量数据 2
电梯控制系统	1. 电源配电电路控制		
	2. 开关门控制电路		
	3. 运行方向控制电路		
	4. 安全保护电路		

3. 实训总结

学生分组，每个人口述电梯控制电路的基本原理。

【任务评价】

1. 成果展示

各组派代表上台总结完成任务的过程中，学会了哪些知识，展示学习成果，并叙述成果的由来。

2. 学生自我评价及反思

____

____

3. 小组评价及反思

____

____

4. 教师评估与总结

____

____

5. 各小组对工作岗位的“6S”处理

在小组和教师都完成工作任务总结后，各小组必须对自己的工作岗位进行“整理、整顿、清扫、清洁、安全、素养”的处理，归还工量具及剩余材料。

6. 评价表（表9－7）

表9－7　电梯电气控制系统电气原理图识读学习评价表（100分）

序号	内容	配分	评分标准	扣分	得分	备注
1	授课过程	10	1. 上课时无故迟到（扣1～4分）			
			2. 上课时交头接耳（扣1～2分）			
			3. 上课时玩手机、打瞌睡（扣1～4分）			
2	工具材料准备	20	1. 工具材料未按时准备（扣15分）			
			2. 工具材料未准备齐全（扣1～5分）			
3	资料搜集	20	1. 未参与搜集资料（扣15分）			
			2. 资料搜集不齐全（扣1～5分）			
4	小组讨论	20	1. 未参与小组讨论（扣15分）			
			2. 小组讨论不积极（扣1～5分）			
5	实训活动	20	1. 未参与实训活动（扣15分）			
			2. 实训活动不积极或记录不清晰（扣1～5分）			
			3. 实训过程中肆意破坏实训设备或工具（扣20分）			
6	职业规范和环境保护	10	1. 在工作过程中工具和器材摆放凌乱（扣4～5分）			
			2. 不爱护设备、工具，不节省材料（扣4～5分）			
			3. 在工作完成后不清理现场，在工作中产生的废弃物不按规定处置（各扣5分，若将废弃物遗弃在课桌内的可扣10分）			
得分合计						
教师签名						

【知识技能扩展】

电梯应该在哪几个部位安装急停开关，为什么？

项目十　自动扶梯与自动人行道

本项目的主要目的是熟悉自动扶梯与自动人行道的构成及分类，掌握自动扶梯与自动人行道电气控制系统。这是完成本项目任务的前提，操作者在实际操作过程中，应始终牢记安全操作规范。本项目通过自动扶梯与自动人行道的构成及分类和自动扶梯与自动人行道电气控制系统2个任务，要求操作者在完成这2个任务的基础上，能够准确叙述出自动扶梯与自动人行道的构成及分类，掌握自动扶梯与自动人行道电气控制系统，培养良好的团队合作精神。

【项目目标】

（1）熟悉自动扶梯与自动人行道的构成及分类。

（2）掌握自动扶梯与自动人行道电气控制系统。

【项目描述】

电动扶梯一般是斜置。行人在扶梯的一端站上自动行走的梯级，便会自动被带到扶梯的另一端，途中梯级会一路保持水平。扶梯在两旁设有跟梯级同步移动的扶手，供使用者扶握。电动扶梯可以是永远向一个方向行走，但多数都可以根据时间、人流等需要，由管理人员控制行走方向。另一种和电动扶梯十分类似的行人运输工具，是自动人行道（Automatic Sidewalk）。两者的分别主要是自动行人道是没有梯级的，且多数只会在平地上行走，或是稍微倾斜。

任务1　自动扶梯与自动人行道的构成及分类

【任务目标】

（1）认识自动扶梯的基本结构。

（2）能够准确叙述出自动扶梯的各个部件的名称及位置。

（3）了解自动扶梯的分类。

【任务要求】

通过对任务的学习，各小组能够认识自动扶梯的基本结构；能够准确叙述出自动扶梯的各个部件的名称及位置；了解自动扶梯的分类，树立牢固的安全意识与规范操作的良好习惯；任务完成后各小组能够叙述出电梯扶梯有哪些部件及分类。

【能力目标】

小组发挥团队合作精神搜集自动扶梯与自动人行道的构成及分类的相关资料、图片并展示。

【任务准备】

一、自动扶梯的分类

现代自动扶梯的雏形是一台普通倾斜的链式运输机，是一种梯级和扶手都能自运动的楼梯。

1990 年，奥的斯公司在法国巴黎举行的国际展览会上展出了结构完善的自动扶梯，这种自动扶梯具有阶梯式的梯路，同时梯级是水平的，并在扶梯进出口处的基坑上加了梳板。以后，经过不断改进和提高，自动扶梯进入实用阶段。

随着科技的进步和经济的发展，自动扶梯和自动人行道不断地更新换代，更新颖、更先进、更美观的产品向我们走来。

自动扶梯按照用途可分为：

(1) 商用型扶梯，如图 10－1 所示。

图 10－1　商用型扶梯

（2）公交型扶梯，如图 10－2 所示。

图 10－2　公交型扶梯

二、自动扶梯的基本结构

自动扶梯是由链式输送机和胶带输送机组合而成的由电力驱动的运输机械。自动扶梯由驱动装置、牵引装置、电气控制装置、安全保护装置、金属框架结构、梯路导轨系统、扶手装置梯级等部件构成。

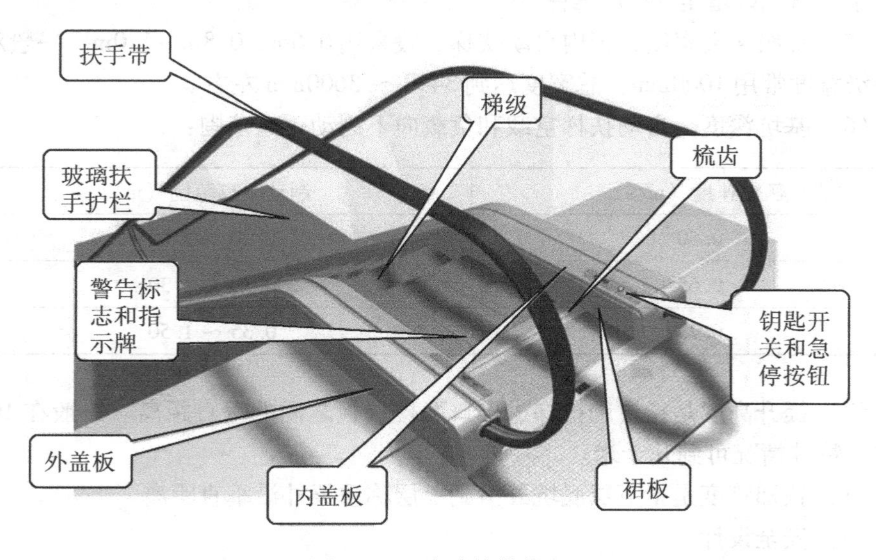

图 10－3　自动扶梯外观

自动扶梯可以用在不同层高、不同倾斜角的建筑物中，向上或向下连续运转，输送乘客。

自动扶梯由两根环状的链条与梯级在固定的导轨上运行，自动扶梯的梯级上平面保持水平，以供乘客站立，两侧装有扶手带，供乘客手扶站稳。

自动扶梯的驱动部分是由电动机及减速机带动的主驱动轴及链轮。此种传动方式具有许多优点，如运送乘客量大，每小时可达几千人，甚至上万人，特别适合车站、商场等乘客流动量较大的场合；不需要井道，占用楼层有效面积小等。

（二）自动扶梯的基本参数

（1）理论输送能力（c，人/h）是指每小时理论输送的人。其计算式为：

$$c = \frac{3600vk}{0.4} \tag{10-1}$$

式中：v 为额定速度，m/s；k 为宽度系数（梯级宽度为 0.6m 时取 1.0，0.8m 时取 1.5，1.0m 时取 2.0）。

（2）额定速度是指梯级、踏板或胶带在空载运行下的速度，是设计确定并实际运行的速度。自动扶梯倾斜角不大于 30°时额定速度不应超过 0.75m/s，倾斜角大于 30°且不大于 35°时额定速度不应超过 0.50m/s。自动人行道的额定速度不应超过 0.75m/s，当踏板的宽度不超过 1.1m 时，额定速度不应超过 0.9m/s。

（3）倾斜角（α）是指梯级、踏板或胶带运行方向与水平面构成的最大角度。一般有 27.3°，30°，35°（当提升高度不超过6m，额定速度不超过 0.50m/s 时，倾斜角允许增至 35°）三种。

（5）梯级名义宽度，国内自动扶梯一般采用 0.6m、0.8m、1.0m，一般双梯的梯级宽度常用 1000mm，总宽度达到 3400 ～ 3600mm 左右。

（6）基坑深度。自动扶梯空载和负载向下制动距离范围：

额定速度（m/s）	制动距离范围（m）
0.50	0.20 ～ 1.00
0.65	0.30 ～ 1.30
0.75	0.35 ～ 1.50

（7）提升高度是指自动扶梯进出口两楼层板之间的垂直距离。一般在 10 米以内，特殊情况可到几十米。

（8）扶梯跨度是指下层底坑外沿到上层称重梁外沿垂直距离。

（9）安全设计

① 出入口畅通区的宽度不应小于 2. 50m，畅通区有密集人流穿行时，其宽度应加大；

② 栏板应平整、光滑和无突出物；

③ 扶手带顶面距自动扶梯前缘、自动人行道踏板面或胶带面的垂直高度不应小于 0. 90m；

④ 扶手带外边至任何障碍物不应小于 0. 50m，否则应采取措施防止障碍物引起人员伤害；

⑤ 扶手带中心线与平行墙面或楼板开口边缘间的距离、相邻平行交叉设置时两梯（道）之间扶手带中心线的水平距离不宜小于 0. 50m，否则应采取措施防止障碍物引起人员伤害。

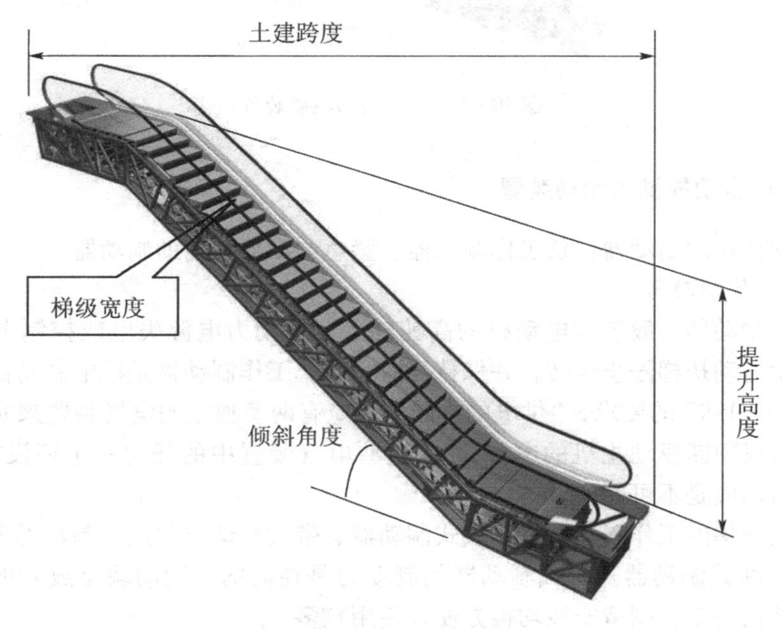

图 10－4　自动扶梯的主要参数

（三）自动扶梯的驱动装置

驱动装置有电动机、减速器、制动器、传动链条及驱动主轴等部件组成，其外观如图 10－5 所示。

驱动装置安装一般有两种：一种是在端部；另一种是在中间。端部驱动结构应用较多，其优点是工艺成熟，维修方便。此种方式适合于小提升高度。大提升高度多采用中间驱动方式。此种方式结构紧凑，能耗低。

图 10－5　自动扶梯驱动装置

(四) 自动扶梯的制动装置

自动扶梯的制动器包括工作制动器、紧急制动器和辅助制动器。

1. 工作制动器

工作制动器一般装在电动机的高速轴上，在动力电源失电或控制电路失电时，能使自动扶梯停止运转，并保持停滞状态。工作制动器是机电制动器，按照 GB 16899—1997 的要求，“供电的中断至少应有两套独立的电气装置来实现，这些装置可以中断驱动主机的电源。”“这些电气装置中的任何一个还没有断开，则重新启动应是不可能的。”

自动扶梯的工作制动器有：块式制动器、带式制动器和盘式制动器 3 种。

(1) 块式制动器。块式制动器的制动力是径向的，制动块是成对的，这种制动器结构简单，制造安装均很方便，使用较多。

(2) 带式制动器。带式制动器依靠张紧的钢带在制动轮上施加的压力制动自动扶梯。在钢带内侧装有摩擦衬垫。工作时，松开制动带使堵转力矩电动机通电转动。断电时电机失电，在制动弹簧的作用下，制动带抱紧制动轮，自动扶梯被制动。

带式制动器是目前自动扶梯常用的制动器，其特点是结构简单、紧凑、包角大。

(3) 盘式制动器。盘式制动器的制动力是轴向的，制动力矩的大小可根据制动块对数的多少而定。盘式制动器是一种新型的制动器，它的优点是结构紧凑，制动轮转动惯量小，制动平稳、灵敏，散热性好。

2. 紧急制动器

紧急制动器的作用是在自动扶梯有载上行，传动链条突然断裂，驱动机组与驱动主轴间失去连接时，防止自动扶梯梯路超速向下运行。此时，即使有安全开关使电源断电，电动机停止运转，也无法使自动扶梯梯路停止运行，因而会导致乘客受到伤害。在驱动主轴上装设一制动器——紧急制动器，用机械方法使驱动主轴，即自动扶梯整体停止运行。

紧急制动器的动作应能切断控制电源，利用摩擦原理通过机械结构进行制动。紧急制动器能在以下两种情况中起作用：一是自动扶梯的速度超过额定速度的40%时；二是梯路突然改变其规定的运行方向时。

3. 辅助制动器

辅助制动器是起保险作用的制动器，即在自动扶梯停止时起保险作用，特别在满载下降时作用更明显。它的功能与工作制动器是相同的，也是必备的。在自动扶梯正常工作时，辅助制动器不起作用。在需要它起作用时，监控系统发出启动信号，电磁铁动作，在弹簧的作用下，辅助制动器带拉杆驱动开关使自动扶梯停止运行。

（五）自动扶梯的梯路导轨及桁架结构

自动扶梯的梯阶沿着金属桁架结构上设置的导轨运行，梯级形成阶梯、平面、转向等。

1. 梯路导轨系统

梯路导轨系统包括主轮和辅轮的全部导轨、反轨、反板、导轨支架及转向壁等。导轨的作用在于支撑由梯级主轮、辅轮所承载的梯路载荷，并使之不跑偏。

梯路是封闭的循环系统，分为上下两个分支。上分支用于运送乘客，即工作分支；下分支是返回分支，即非工作分支。

2. 金属结构

自动扶梯的金属结构主要是用于安装和支撑扶梯的各种部件、承受各种载荷以及与建筑物两个不同高度层面连接。

自动扶梯的金属骨架是桁架结构（见图10－6），要求结构紧凑，留有装配和维护保养空间。自动扶梯金属结构的两端支撑在建筑物的两个楼层层面上。为避免振动与噪声的传导接触，应用隔震材料隔离。

图 10－6　自动扶梯桁架

(六) 自动扶梯的梯级

自动扶梯的梯级是自动扶梯中最重要的、数量最多的部件。梯级由踏板、踢板、主轮、辅轮、轴、支架等组成，如图 10－7 所示。梯级在自动扶梯中是一个很关键的部件，它是直接承载输送乘客的特殊结构的四轮小车，梯级的踏板面在工作段必须保持水平。各梯级的主轮轮轴与牵引链条铰接在一起，而它的辅轮轮轴则不与牵引链条连接。这样可以保证梯级在扶梯的上分支保持水平，而在下分支可以进行翻转。

在一台自动扶梯中，梯级是数量最多的部件又是运动的部件。因此，一台扶梯的性能与梯级的结构、质量有很大关系。梯级应能满足结构轻巧、工艺性能良好、装拆维修方便的要求。目前，有些厂家生产的梯级为整体压铸的铝合金铸造件，踏板面和踢板面铸有精细的肋纹，这样确保了两个相邻梯级的前后边缘啮合并具有防滑和前后梯级导向的作用。梯级上常配装塑料制成的侧面导向块，梯级靠主轮与辅轮沿导轨及围裙板移动，并通过侧面导向块进行导向，侧面导向块还保证了梯级与围裙板之间维持最小的间隙。

(1) 车轮。每个梯级有 4 个车轮，有两个与牵引链条铰接，称为主轮，另外两个直接装在梯级支撑架的短轴上，称为辅轮。

(2) 踏板。自动扶梯踏板是供乘客站立的平面装置。表面为凹槽状，以保证乘客安全，并使上下入口时能嵌在梳齿板中。一般梯级的踏板由 2 ～ 5 块踏板拼成，固定在梯级骨架的纵向构件上。

(3) 踢板。踢板为圆弧面，如图 10－7 所示。

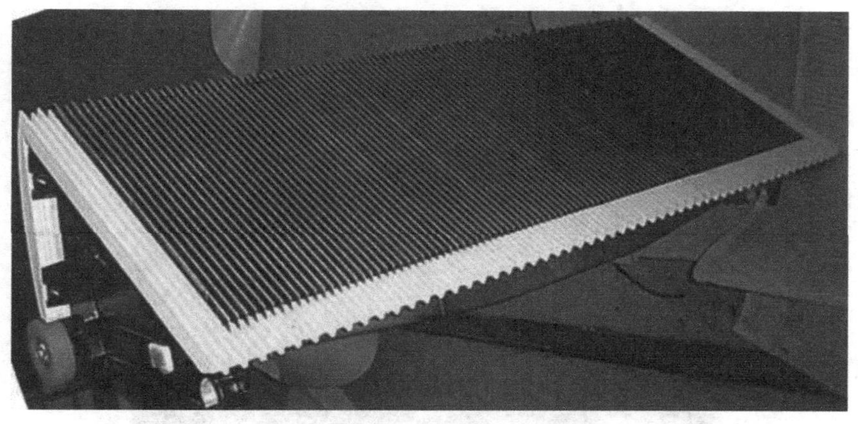

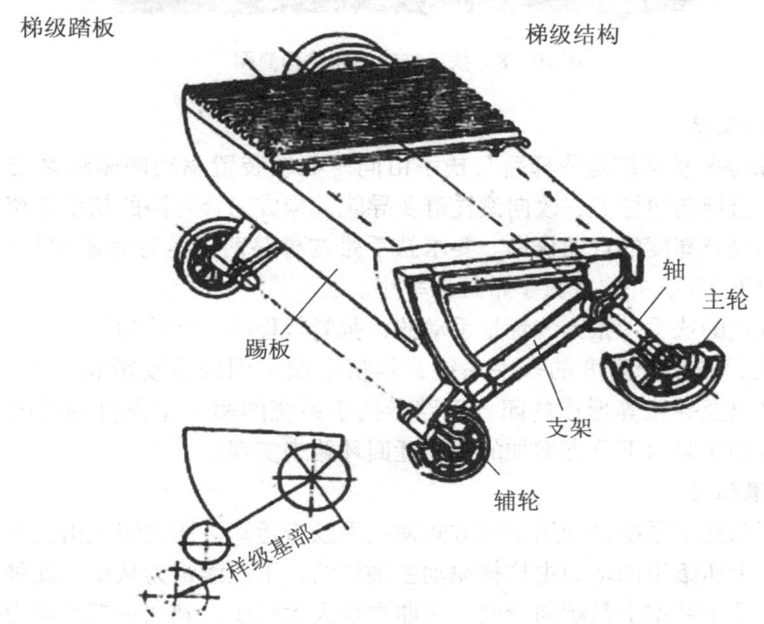

图 10－7　梯级的组成

（4）骨架。梯级骨架一般用铸件构成，但也有用角钢构成的。整体的踢板骨架、撑架、踏板与踢板等可整体压铸而成。

（七）自动扶梯的扶手装置

自动扶梯的扶手装置，是供乘客在扶梯上站立时用的，也是重要的安全设备的一部分。在乘客出入自动扶梯或自动人行道的瞬间，扶手的作用显得更为重要。扶手装置由驱动系统、扶手胶带、栏杆等组成。

扶手系统的常用结构形式有两种：一种是摩擦驱动；另一种是压滚驱动。

图 10－8　扶手带摩擦轮结构简图

1. 摩擦驱动

（1）摩擦驱动系统是将梯路与扶手由同一驱动装置驱动的驱动系统。扶手带围绕若干组导向滚柱群、改向滚柱群及导轨，构成闭合环路的扶手系统。此系统适用于小提升高度的自动扶梯。要求扶手带与梯路两者运行时速度基本相同，其差值不大于2%，并要求扶手带延伸率小。

此种方式的扶手带张紧装置是手动的，张紧行程小，但结构紧凑。

（2）大、中提升高度的扶手系统，是扶手胶带围绕主动滑轮。偏斜滑轮、支撑滚珠群以及导轨等形成的闭合环路。扶手系统的驱动也来自梯路的驱动装置。此系统的张紧由下分支增加的中间迂回环路来实现。

2. 压滚驱动

压滚驱动扶手系统是利用压滚方式使扶手胶带运动。压滚装置由上下两个压滚组构成。上压滚组的动力由扶梯驱动主轴供给，下压滚组为从动。此种驱动方式，由于扶手带基本上是顺向弯曲，弯曲次数大大减少，其扶手带的阻力明显降低。由于是压滚驱动方式，在扶梯启动时不需要初张力，因而，可以大幅度减小运行阻力，有利于延长使用寿命。

3. 扶手胶带

扶手胶带是一种边缘向内弯曲的橡胶带。扶手胶带按内部衬垫物不同分为：多层织物衬垫胶带、织物夹钢带胶带和夹钢丝绳织物胶带 3 种。这 3 种胶带各有特点，第 3 种结构的扶手胶带在织物衬垫层中夹了一排细钢丝绳，这样既可增加胶带强度，又可减小扶手胶带的伸长。我国的许多自动扶梯生产厂家多用此种结构扶手胶带。

（八）自动扶梯的机械机构

自动人行道主要由金属骨架、驱动装置、传动系统、踏板、导轨系统、扶手装置、盖板、安全装置和电气系统等多个部件组成，如图 10－9 所示。

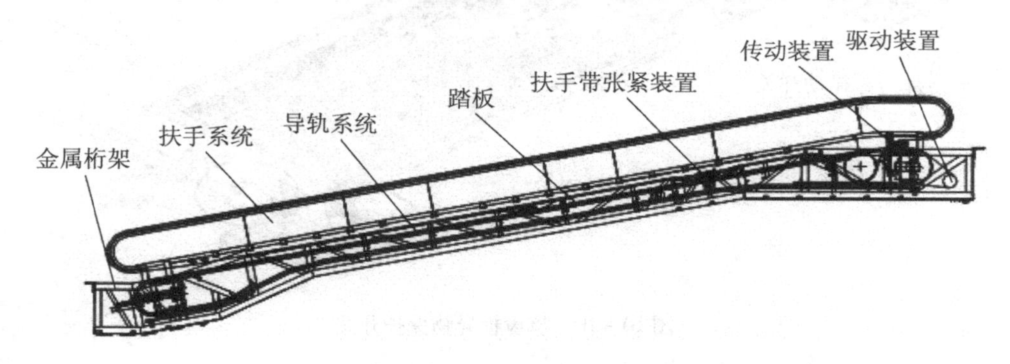

图 10－9　自动人行道的机械机构

（九）自动扶梯的电气机构

电气控制采用新型的 PLC 可编程控制器或微机控制板，整个电气系统由上机房控制箱、下机房控制箱、照明装置（扶手照明或围裙照明）、检修手柄、安全开关、监控装置及连接电缆等组成。

其中为确保乘客的安全，自动人行道按产品标准设置了 15 个安全开关：

（1）上、下梳齿异常开（关 4 个）

当异物卡在梯级踏板与梳齿之间，使梯级不能与梳齿板正常啮合梳齿就会弯曲或折断，如此时梯级仍不能进入梳齿板，就会导致重要机件的损坏。标推规定，当出现这种情况时应有一个装置，使扶梯停止运行。这种安全保护装置通常被称为梳齿板安全开关。如图 10－10 所示是一种常见结构。梳齿板平时由压缩弹簧压紧定位，当乘客的伞尖、高跟鞋后跟或其他异物嵌入梳齿之后，梳齿板向前移动，当移到一定距离时流齿板梯级的前进力就会将梳齿板抬起，使微动开关动作，切断控制电路，使设备停止运行，这个上抬力应调整合适，一般应首先使梳齿断裂，进而才抬起梳齿板。

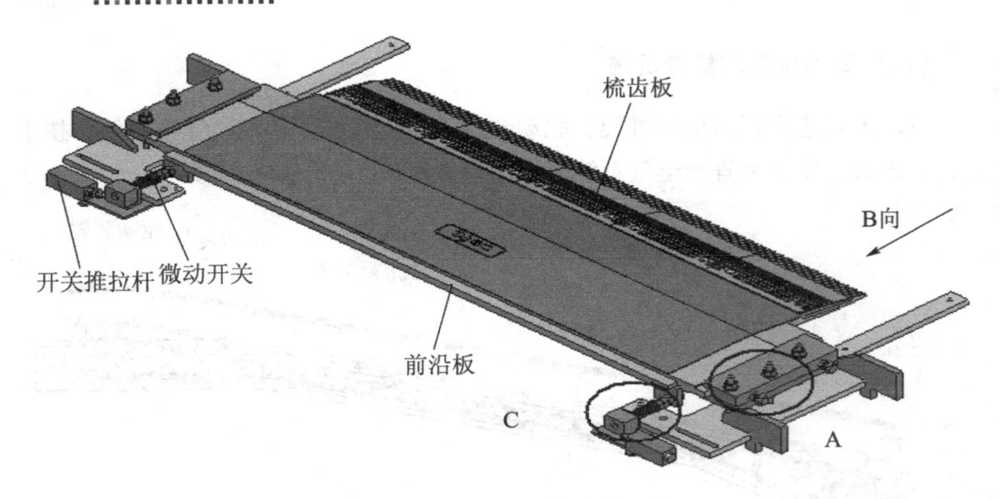

图 10－10　梳齿板异物保护开关

（2）驱动链断链保护开关（1 个）（双驱动时为 2 个）

当梯级驱动链或踏板驱动链断裂或过分松弛时，能使自动扶梯或自动人行道停止的电气装置。图 10－11 所示为驱动链断链保护开关。

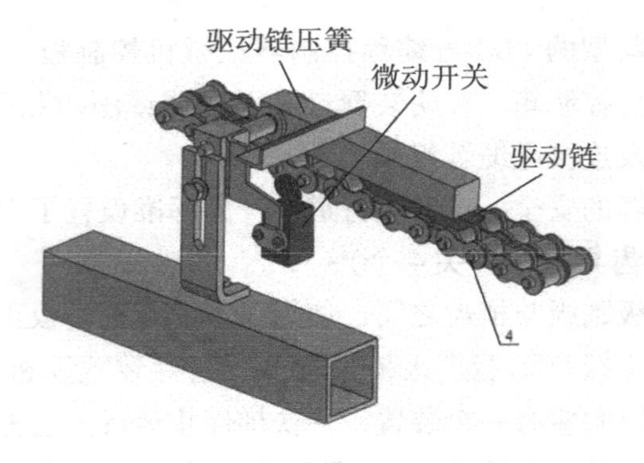

图 10－11　驱动链断链保护开关

（2）曳引链断链开关（2 个）

当曳引链链断裂或过分松弛时，能使自动扶梯或自动人行道停止的电气装置。图 10－12 所示为曳引链断链保护开关。

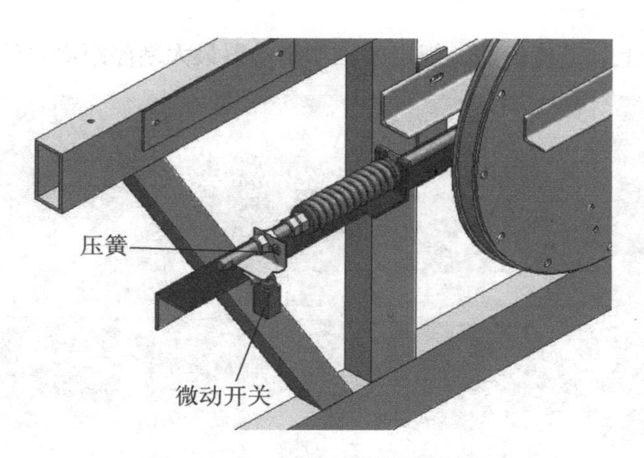

图 10－12 曳引链断链保护开关

（4）上、下扶手进出口保护开关（4 个）

扶手带是受力部件，工作中受驱力、摩擦力的长时间作用，扶手带有断裂的可能。在标准中规定，公共交通型的自动扶梯或自动人行道如没有扶手带破断强度大于 25kN 的证明，就应装设断带安全保护装置。常见的断带安全保护装置如图 10－13 所示。滚轮在重力作用下靠贴在扶手带内表面，并在摩擦力作用下滚动。扶手带一旦断裂，摇臂就会上抬，触动安全开关，使自动扶梯控制电路断开，停止运动。

图 10－13 扶手带入口保护开关

（5）梯级踏板下陷异常开关（2 个）、防坠落开关（2 个）。

当梯级出现塌陷等损坏时，运行中撞击梳齿板，造成设备的损坏甚至人员的伤亡，因此必须在损坏的梯级到达梳齿前使电梯停止。此装置由撞杆与安全开关组成，安装于上、下梳齿前，规定的工作制动器最大制停距离之外。

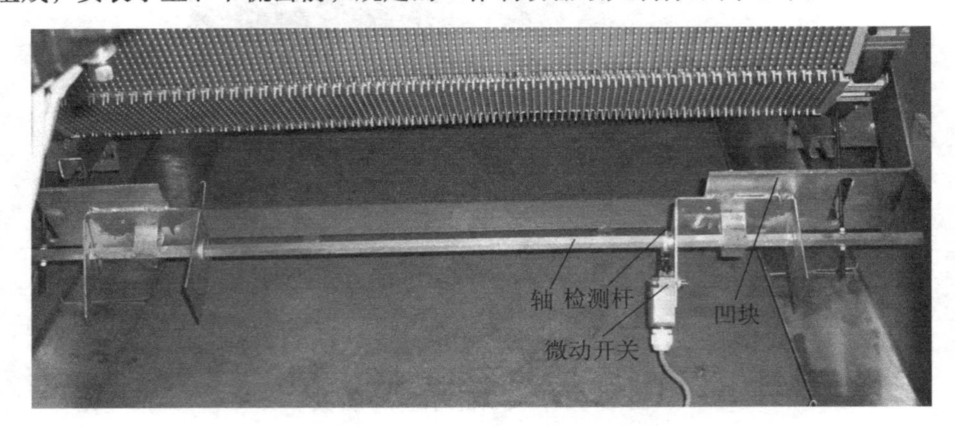

图 10－14 梯级下陷、坠落保护开关

（十）自动人行道传动系统

踏板和扶手带由传动装置驱动。

驱动装置 1 通过双排驱动链 2 带动主轴 10，从而带动踏板链轮 11 使踏板运转；带动主轴上的小链轮 4，通过扶手驱动链 9 传到扶手轴链轮 7，使扶手轴 6 及摩擦轮 8 运动，从而带动扶手带运转。

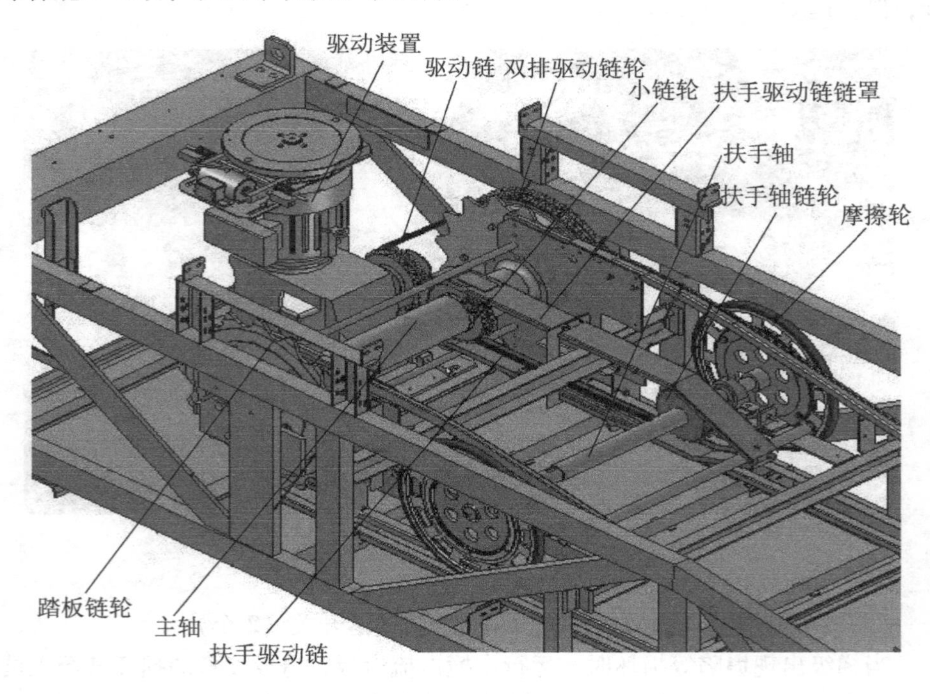

图 10－15 传动系统结构图

四、自动人行道简介

自动人行道是在水平或微倾斜方向连续运送人员的输送机，适用于车站、码头、商场、机场、展览馆和体育馆等人流集中的地方，出现于20世纪初，结构与自动扶梯相似，主要由活动路面和扶手两部分组成。通常，其活动路面在倾斜情况下也不形成阶梯状，如图10－16所示。

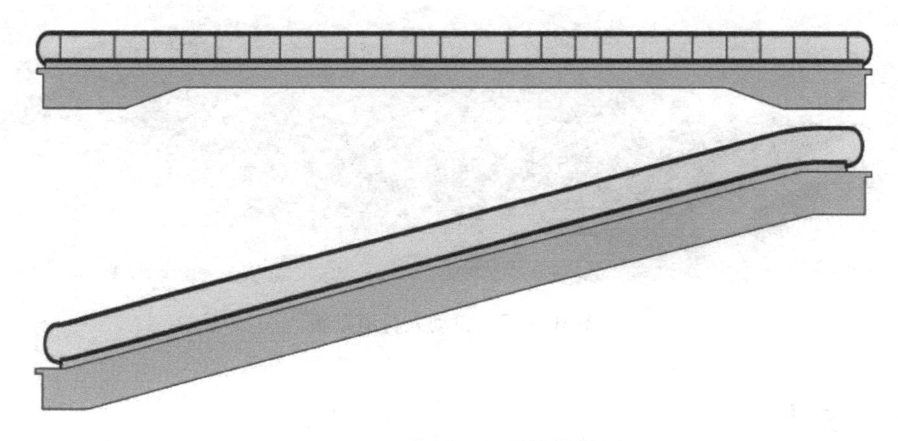

图10－16　自动人行道结构简图

按结构形式可分为踏步式自动人行道（类似板式输送机）、胶带式自动人行道（类似带式输送机）和双线式自动人行道。为了达到与自动扶梯零部件通用和经济性的目的，常采用梯级结构和相同的扶手结构。扶手应与活动路面同步运行，以保乘客安全。自动人行道的运行速度、路面宽度和输送能力等均与自动扶梯相近，最大倾角一般不超过12°。

1．按扶手装饰分类

（1）全透明式：指扶手护壁板采用全透明的玻璃制作的自动人行道，按护壁板采用玻璃的形状又可进一步分为曲面玻璃式和平面玻璃式。

（2）不透明式：指扶手护壁板采用不透明的金属或其他材料制作的自动人行道。由于扶手带支架固定在护壁板的上部，扶手带在扶手支架导轨上作循环运动，因此不透明式其稳定性优于全透明式。主要用于地铁、车站、码头等人流集中的高度较大的自动人行道。

（3）半透明式：指扶手护壁板为半透明的，如采用半透明玻璃等材料的扶手护壁板。

就扶手装饰而言，全透明的玻璃护壁板具有一定的强度，其厚度不应小于6mm，加上全透明的玻璃护壁板有较好的装饰效果，所以护壁板采用平板全透明玻璃制作的自动人行道占绝大多数。

2. 按踏面结构分类

(1) 踏板式：乘客站立的踏面为金属或其他材料制作的表面带齿槽的板块的自动人行道，如图 10－17 所示。

(2) 胶带式：乘客站立的踏面为表面覆有橡胶层的连续钢带的自动人行道。

胶带式自动人行道运行平衡，但制造和使用成本较高，适用于长距离速度较高的自动人行道。多见的是踏板式自动人行道。

图 10－17　自动人行道踏板

【任务实施】

（一）资讯

为了更好地完成工作任务，请回答以下问题。

(1) 自动人行道的倾斜角不应超过______________。

(2) 自动扶梯的提升高度是指__________________。

(3) 自动扶梯与自动人行道的名义宽度，是指________________。

（二）学习活动

1. 资料搜集

(1) 自动扶梯的基本结构。

(2) 扶梯的各个部件的名称及位置。

(3) 电梯扶梯的相关标准。

2. 小组讨论

每个小组对搜集的资料进行讨论，验证资料的真实性、可靠性并完成表 10－1。

表 10－1　自动扶梯的构成及分类讨论过程记录表

序号	讨论方向	讨论内容	讨论结果	备注
1	自动扶梯的基本结构			
2	扶梯的各个部件的名称及位置			
3	电梯扶梯的相关标准			

（三）实训活动

1. 实训准备

（1）指导教师先到自动所在场所“踩点”，了解周边环境，事先做好预案（参观路线、学生分组等）。

（2）对学生进行参观前的安全教育。

2. 参观活动

组织学生到相关实训场所参观电梯，将观察结果记录于表 10－2 中（也可自行设计记录表）。

表 10－2　实训电梯参观记录

电梯类型	自动扶梯；自动人行道
安装位置	
提升高度	
梯级宽度	
拖动方式	直流；交流；液压；齿轮齿条；螺旋式
运行速度	
倾斜角度	
其他	

3. 参观总结

学生分组，每个人口述所参观的电梯类型、用途、基本功能等。

【任务评价】

1. 成果展示

各组派代表上台总结完成任务的过程中，学会了哪些知识，展示学习成果，并叙述成果的由来。

2. 学生自我评价及反思

____

____

3. 小组评价及反思

____

____

4. 教师评估与总结

____

____

5. 各小组对工作岗位的“6S”处理

在小组和教师都完成工作任务总结后，各小组必须对自己的工作岗位进行“整理、整顿、清扫、清洁、安全、素养”的处理，归还工量具及剩余材料。

6. 评价表（表 10－3）

表 10－3　自动扶梯与自动人行道的构成及分类学习评价表（100 分）

序号	内容	配分	评分标准	扣分	得分	备注
1	授课过程	10	1. 上课时无故迟到（扣 1～4 分）			
			2. 上课时交头接耳（扣 1～2 分）			
			3. 上课时玩手机、打瞌睡（扣 1～4 分）			
2	工具材料准备	20	1. 工具材料未按时准备（扣 15 分）			
			2. 工具材料未准备齐全（扣 1～5 分）			
3	资料搜集	20	1. 未参与搜集资料（扣 15 分）			
			2. 资料搜集不齐全（扣 1～5 分）			
4	小组讨论	20	1. 未参与小组讨论（扣 15 分）			
			2. 小组讨论不积极（扣 1～5 分）			
5	参观实训电梯	20	1. 不按要求到实训场所进行（扣 20 分）			
			2. 无电梯参观记录（扣 20 分）			
			3. 参观过程不认真或参观记录不详细（扣 10 分）			

（续表 10－3）

序号	内容	配分	评分标准	扣分	得分	备注
6	职业规范和环境保护	10	1．在工作过程中工具和器材摆放凌乱（扣 4 ～ 5 分）			
			2．不爱护设备、工具，不节省材料（扣 4 ～ 5 分）			
			3．在工作完成后不清理现场，在工作中产生的废弃物不按规定处置（各扣 5 分，若将废弃物遗弃在课桌内的可扣 10 分）			
得分合计						
教师签名						

【知识技能扩展】

同速度自动扶梯的制停距离有何要求？

任务 2　自动扶梯的电气控制系统

【工作任务】

自动扶梯的电气控制系统。

【任务目标】

（1）认识自动扶梯的电气控制系统。

（2）能够准确叙述出自动扶梯各个安全保护开关的名称及位置。

【任务要求】

通过对任务的学习，各小组能够认识自动扶梯的电气控制系统；能够准确叙述出自动扶梯各个安全保护开关的名称及位置；树立牢固的安全意识与规范操作的良好习惯；任务完成后各小组能够叙述出自动扶梯电气控制系统有哪些部件及分类。

【能力目标】

小组发挥团队合作精神搜集自动扶梯的电气控制系统的相关资料、图片并展示。

【任务准备】

自动扶梯的电气控制系统是根据自动扶梯的性能、使用要求及安全保护系统的设置而设计的。其基本结构组成有主控制回路、功能控制及安全保护线路等。

（1）主控制电路。自动扶梯的主控制电路是指控制自动扶梯拖动电动机的电路。它由主接触器、正反方向接触器以及主接触器的控制电路组成。

（2）安全保护电路。因控制系统的不同，各生产厂家的安全保护电路也各有不同，但是基本的安全保护功能应按国家标准设置。

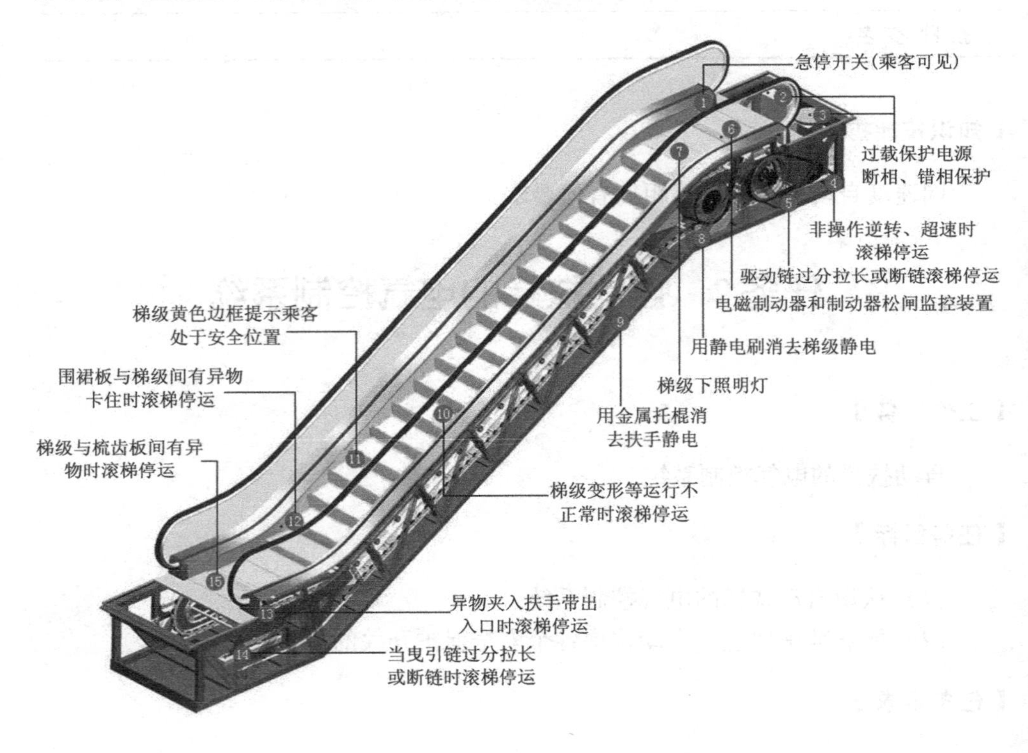

图 10－18　自动扶梯各个安全保护

①标准安全保护功能。

扶手带入口保护；梳齿板异物保护；围裙板变形保护；梯级链伸长、缩短和断裂保护；驱动链断裂保护；梯级下陷保护；制动器保护；主电机过载保护；主电源短路、漏电保护；主电源错断相保护；电气超速保护；电气防逆转保护；检修联锁保护；启动测试保护；紧急停止装置。

②自动扶梯安全保护开关。

在紧急情况下，安全保护开关可以在发生意外前使扶梯停止运行。它们是：梯级链断链保护、梳齿保护、扶手带入口保护、紧急停止按钮、电动机过热保护、电气防逆转装置、速度监控、驱动链断链保护和围裙板保护等。

a. 工作制动器和紧急制动器。工作制动器是正常停车时使用的制动器，紧急制动器则是在紧急情况下起作用。前文对这两种制动器已有明确的描述。

b. 牵引链条张紧和断裂监控装置。自动扶梯或自动人行道的底部设有一牵引链张紧和断裂保护装置。它由张紧架、张紧弹簧及监控触点所组成。当出现下列情况时张紧触点会迫使自动扶梯或自动人行道停运：梯级或踏板卡住；牵引链条阻塞；牵引链条的伸长超过了允许值；牵引链条断裂。

c. 梳齿板保护装置。为了防止梯级（或踏板）与梯路出入口的固定端之间嵌入异物而造成事故，在固定端设计了梳齿板。

d. 围裙板保护装置。自动扶梯在正常工作时，围裙板与梯级间应保持一定间隙。为了防止异物夹入梯级和围裙板之间的间隙，在自动扶梯上部或下部的围裙板反面都装有安全开关。一旦围裙板被夹变形，它会触动安全开关，自动扶梯即断电停运。

e. 扶手带入口安全保护装置。在扶手带端部下方入口处，常常发生异物夹住的事故，孩子不注意时也容易把手夹住，因此需设计扶手带入口安全保护装置。

f. 速度监控装置。自动扶梯或自动人行道超过额定速度或低于额定速度运行都是很危险的，因此需配备速度监控装置，以便在超速或欠速的情况下实现停车。速度监控装置可装在梯路内部，用以监测梯级运行速度。

另外，还有梯级间隙照明、梯级塌陷保护装置、静电刷、电机保护、相位保护以及急停按钮等。

自动扶梯电气原理图（西子奥的斯自动扶梯装置电气原理图节选）如图10－19～图10－22所示。

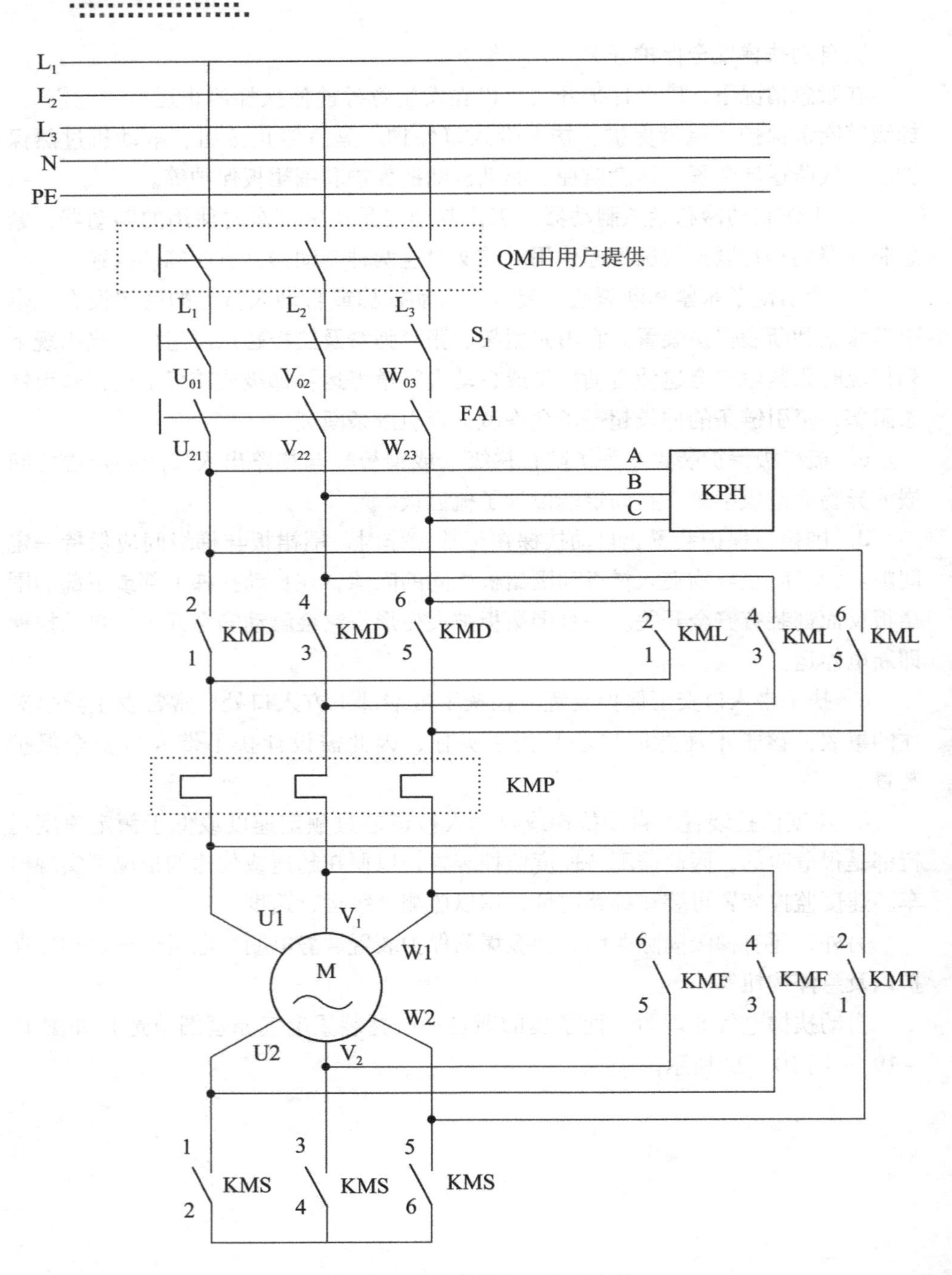

图 10－19　自动扶梯电力驱动电路

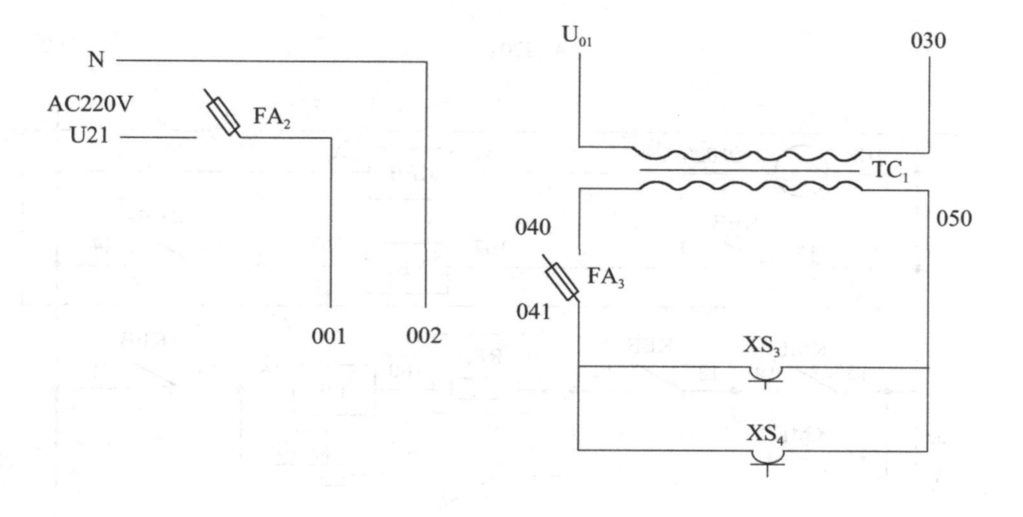

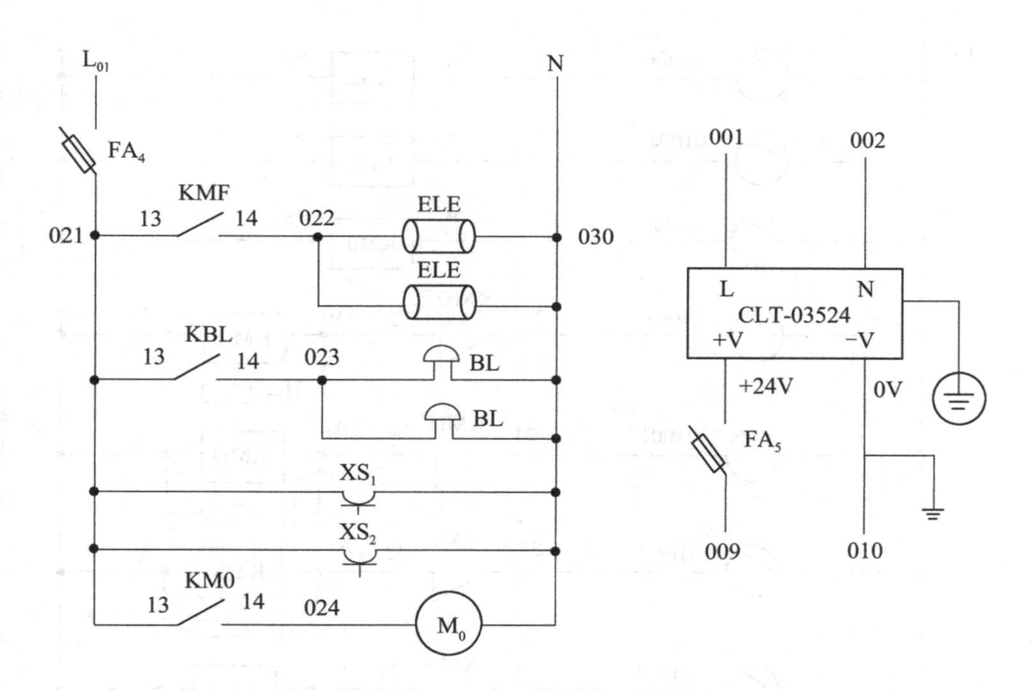

图 10－20　自动扶梯控制电源回路

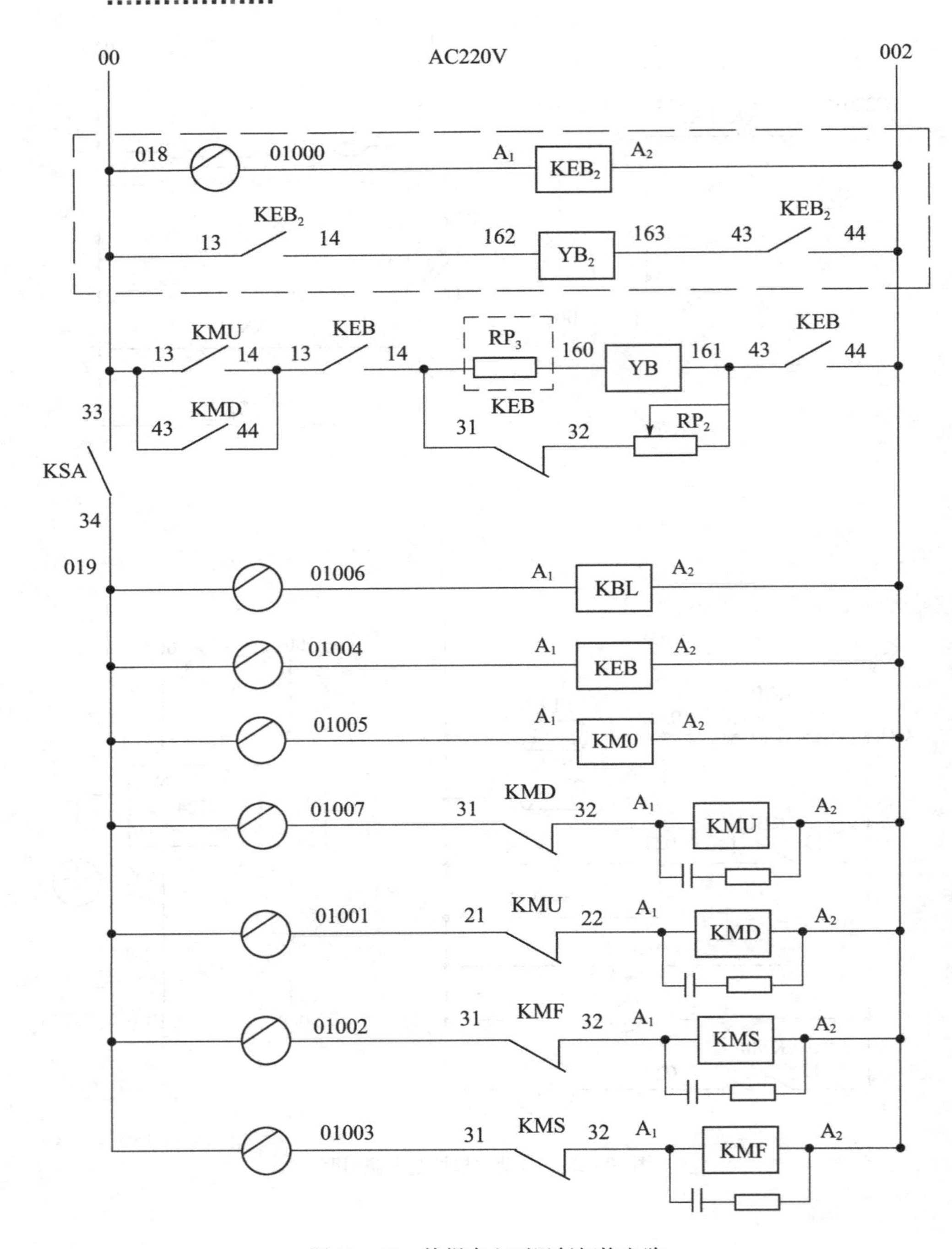

图 10－21　快慢车上下运行切换电路

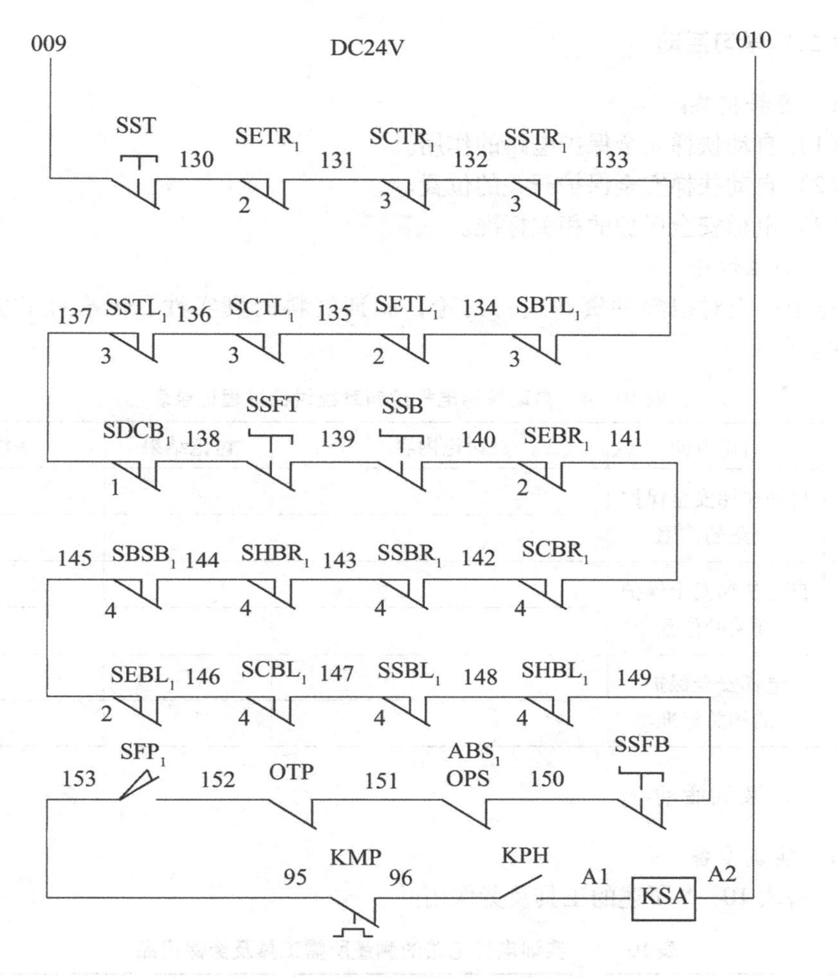

图 10－22　自动扶梯安全保护电路

【任务实施】

（一）资讯

为了更好地完成工作任务，请回答以下问题。

（1）自动扶梯的紧急停止______________自动复位。

（2）扶手带的驱动速度要比梯级运动速度______________。

（二）学习活动

1. 资料搜集

（1）自动扶梯安全保护电路的作用。

（2）自动扶梯安全保护开关的位置。

（3）电梯安全保护的相关标准。

2. 小组讨论

每个小组对搜集的资料进行讨论，验证资料的真实性、可靠性并完成表10－4。

表10－4　自动扶梯电气控制系统讨论过程记录表

序号	讨论方向	讨论内容	讨论结果	备注
1	自动扶梯安全保护电路的作用			
2	自动扶梯安全保护开关的位置			
3	电梯安全保护的相关标准			

（三）实训活动

1. 实训准备

准备表10－5所述的工具及劳保用品。

表10－5　实训电梯电路的测量所需工具及劳保用品

序号	工具名称	规格型号	数量
1	数字万用表		1个
2	三角钥匙		1把
3	安全帽		1个
4	安全带		1副
5	警示标志	机房电源箱挂牌、层站警示标志×2	3个

2. 测量与调试

在教师的指导下，按照表10－6的要求，分组测量实训电梯门锁回路，并由教师指导进行调试。测量结果记录于表10－6中。

表 10 - 6　实训电梯电路测量

测量项目	测量项目（内容）	测量数据 1	测量数据 2
控制系统			
电力驱动系统			

3. 实训总结

学生分组，每个人口述电梯电路的基本原理。

【任务评价】

1. 成果展示

各组派代表上台总结完成任务的过程中，学会了哪些知识，展示学习成果，并叙述成果的由来。

2. 学生自我评价及反思

____

____

3. 小组评价及反思

____

____

4. 教师评估与总结

____

____

5. 各小组对工作岗位的“6S”处理

在小组和教师都完成工作任务总结后，各小组必须对自己的工作岗位进行“整理、整顿、清扫、清洁、安全、素养”的处理，归还工量具及剩余材料。

6. 评价表（表 10 - 7）

表 10－7　自动扶梯电气控制系统学习评价表（100 分）

序号	内容	配分	评分标准	扣分	得分	备注
1	授课过程	10	1. 上课时无故迟到（扣 1～4 分）			
			2. 上课时交头接耳（扣 1～2 分）			
			3. 上课时玩手机、打瞌睡（扣 1～4 分）			
2	工具材料准备	20	1. 工具材料未按时准备（扣 15 分）			
			2. 工具材料未准备齐全（扣 1～5 分）			
3	资料搜集	20	1. 未参与搜集资料（扣 15 分）			
			2. 资料搜集不齐全（扣 1～5 分）			
4	小组讨论	20	1. 未参与小组讨论（扣 15 分）			
			2. 小组讨论不积极（扣 1～5 分）			
5	参观实训电梯	20	1. 不按要求到实训场所进行参观（扣 20 分）			
			2. 无电梯参观记录（扣 20 分）			
			3. 参观过程不认真或参观记录不详细（扣 10 分）			
6	职业规范和环境保护	10	1. 在工作过程中工具和器材摆放凌乱（扣 4～5 分）			
			2. 不爱护设备、工具，不节省材料（扣 4～5 分）			
			3. 在工作完成后不清理现场，在工作中产生的废弃物不按规定处置（各扣 5 分，若将废弃物遗弃在课桌内的可扣 10 分）			
得分合计						
教师签名						

【知识技能扩展】

如何检验自动扶梯或自动人行道的制停距离？

附　录

附录一

电梯安全操作规程

一、电梯安全操作规程

（一）司机或管理人员的安全操作规程

1.1　乘员或司机开启电梯层门进入轿厢之前，首先需确认电梯的轿厢是否停在该层，这对人身安全是至关重要的。

1.2　开启轿内照明及根据需要开启轿内风扇。

1.3　开始工作前，应开动电梯上、下试运行数次，观察并确定电梯的开门，关门，安全触板装置，选层，起动，运行，换速，平层停靠，信号登记和销号，上、下限位安全装置等性能和作用是否正常，有无异常撞击声和噪声等，确定无异常现象后方可使用。对处于无司机工作状态的电梯，此项工作可由管理人员进行。

1.4　层门关闭后，在层门外应不能手拨开启。当轿门未完全关闭时，电梯应不能启动运行。

1.5　平层精度应无明显变化（在平层位置 ±15mm 之内）。

1.6　应经常清洁轿厢、层门及乘客可见部分。

（二）电梯运行中司机或管理人员注意事项

2.1　对有司机控制的电梯，司机在工作时间内需要离开轿厢时，应将电梯开到基站，关好层门、轿门，锁上电锁开关，切断整梯电源。

2.2　严禁非司机人员，随便扳弄操纵盘上与运行无关的开关和按钮等电器元件。

2.3　轿厢载重不应超过电梯额定载重。

2.4　乘客电梯不允许经常作为载货电梯使用。

2.5　严禁装运易燃、易爆危险品。如遇特殊情况，可经电梯管理部门批准，并采取可靠的安全保护措施后，才可装运。

2.6　不得通过扳动各功能开关或急停按钮等方法，作为一般正常运行中的销号。

2.7　不得试图通过开启安全窗或轿内安全门去搬运长件货物。

2.8　应劝阻轿内乘客不要依靠轿厢门，以防电梯关门或停靠门时碰撞乘客或夹住衣物等。

2.9　轿厢顶部除电梯自身设备外，不得放置其他货物。

2.10　运送重量大的货物时，应将物件放置在轿厢中央，防止轿厢受力不均倾斜而影响电梯正常运行。

2.11　任何人员绝不允许在层、轿门中间长时间停靠或逗留。

（三）维修、维护人员的安全操作规程

3.1　维修、维护电梯前的安全准备工作。

3.1.1　轿厢内或层门口的明显处，应挂“检修停用”警示标牌。

3.1.2　让无关人员离开电梯检修工作场地，关好层门；不能关闭层门时，需用合适的护栅挡住入口处，以防无关人员进入电梯。

3.1.3　检修电器设备时，一般应切断总电源或采取适当的安全措施。

3.1.4　在轿顶做电梯检修工作时，必须先按下轿顶检修箱上的急停按钮，关好层门，并在轿内操纵盘挂上“人在轿顶，不准乱动！”的警示标牌。

3.2　电梯维修、维护工作安全操作规程细则。

3.2.1　给可动部位加油、清洗或观察钢丝绳表面的磨损情况时，应先关断电梯的总电源。

3.2.2　检修人员在轿顶上准备开动电梯以观察电梯有关部件的工作情况时，必须把住轿架上梁或防护栅栏等部件，不能握住钢丝绳，并注意整个身体置于轿厢外框尺寸之内，防止被其他运动部位碰伤。需由轿内司机或其他检修人员开电梯时，要交待、配合好，未经轿顶人员许可不准开动电梯。

3.2.3　在多台电梯共用一个井道的情况下，检修电梯更应加倍小心，除注意本电梯的情况外，还应注意其他电梯的动态，以防被其刮碰。

3.2.4　严禁在井道、轿顶和轿厢内吸烟和使用明火。

3.2.5　检修电器部件时，应尽可能避免带电作业，必须带电作业或难以在完全切断电源的情况操作时，应有安全措施，并有助手协同进行。

3.2.6　使用工作手灯必须附带防护罩，使用电源为36VAC以下。

3.2.7　严禁维修人员在电梯送电的情况下站在层、轿门门区结合部进行长时间检修操作。

3.2.8　进入底坑检修时，应将底坑检修盒上的紧急停止开关或限速器张紧装置的断绳开关断开。

3.2.9　其他未尽事宜可参照电梯行业国家相关标准执行。

（四）电梯安全运行须知

正常运行过程中如发生下列现象之一时，应立即停用电梯并通知具备资格的维修人员检修合格后，方可再次投入使用。

需要特别说明：非维修人员不准试图维修电梯，以防设备损坏和发生危险！

4.1　在轿门或任一层门未关闭的情况下，按下指令按钮能起动电梯时。

4.2　在厅外无特种手段能轻易开层门时。

4.3　人体碰触电梯部件的金属外壳时有麻电现象时。

4.4　电梯运行方向与选定的及指示的方向相反时。

4.5　到达预选层站时，电梯不能执行正常换速，但平层停靠后超差过大或者停靠后不能自动开门时。

4.6　额定载荷下运行而超越端站行驶时。

4.7　电梯在额定速度下运行而限速器和安全钳动作时。

4.8　内选、外呼、换速、平层和指层信号失灵失控时。

4.9　运行速度发生显著变化时。

4.10　电梯在运行过程中，在没有轿内外指令登记信号的层站，电梯自动换速并平层停靠开门；或非正常中途停车时。

4.11　任一熔断器频繁烧断或任一空气开关频繁动作时。

4.12　电梯在启动、运行、停靠、开关门过程中，有异常的噪声、冲击、振动时。

4.13　发生电气或机械零件损坏及无轿内照明时。

4.14　有异常的气味和烟雾时。

4.15　给出轿内指令信号和关闭厅、轿门后，电梯不能起动运行时。

4.16　发现其他的各种故障和不正常因素时。

二、电梯机房和井道的管理

（一）机房应由维护检修人员值班管理，其他人员不得随意进入。机房门应加锁，并标有“机房重地闲人免进”字样。

（二）机房应保证没有尘土、雨、雪、风暴侵入的可能。

（三）机房应有良好的通风及保温措施。

（四）机房内应保持整洁、干燥、无烟尘及无爆炸性、腐蚀性气体，除检查、维修、维护所必需的简单工具外，不应存放其他物品。

（五）如机房内设有通往井道的活板门时，应在门旁设红色永久性标志：“电梯井道危险！未经许可严禁入内！”。

（六）井道内除规定的电梯设备外，不得存放杂物及敷设水管、煤气管、暖气管、电线、电缆等设施。

（七）电梯超过两周以上时间停用时，应关断机房总电源开关。

（八）机房的房梁上设置的起重吊钩应有极限载荷数标志。

三、电梯的管理与维护

使用部门接收一部安装调试合格的电梯后，要指定专职的管理人员进行日常管理，以便电梯投入运行时，发现和处理在使用、维护、保养、检查、修理等方面的问题。电梯数量少的单位，电梯可以由兼职维修人员或兼职管理人员管理；电梯数量多而且使用频繁的单位，管理人员、维护修理人员、司机等应分别由一个以上的专职人员负责。

（一）电梯管理人员职责

1.1　管理和控制电梯使用运行电梯锁钥匙、轿内操纵盘检修盒门锁的钥匙、机房门锁钥匙等。

1.2　根据本单位具体情况确定司机和维修人员。司机和维修人员要经过当地劳动安全部门培训，取得上岗资格证后才能使用和维护电梯。

1.3　管理和掌握本电梯的有关技术资料、随机文件、安装及验收记录等，对电梯厂方提供的所有资料要登记建账，妥善保管，只有一份资料时应复制后存档备用。

1.4　应妥善保管随机配置的电梯备件、附件、易损件和工具，并根据具体情况编制备品、备件、易损件采购计划。

1.5　根据本单位的具体情况和条件，按电梯厂方提供的技术文件要求，建立电梯管理、使用、维护保养和修理细则。

1.6　电梯每次发生的故障、检查经过和维修过程、时间、维修人员或管理人员应在电梯档案中仔细填写并签字。

（二）电梯使用的安全管理

2.1　应高度重视电梯使用安全的管理，建立并坚持贯彻执行电梯安全运行管理规章制度。

2.2　有司机控制的电梯必须配备有上岗合格证的专职司机；无司机控制的电梯，必须配备管理人员，除司机和管理人员外，还需根据本单位具体情况配备专职维修人员，维修人员必须经过专业培训并保持相对稳定。

2.3　司机、管理人员、维修人员等发现电梯运行有不安全因素时，应及时采取措施直至停止使用。

2.4　电梯停用超过一周重新使用时，使用前应经认真检查和试运行后方可投入使用。

2.5　电梯电气设备的一切金属外壳，必须采取保护性接地装置，除应符合GBJ232－82《电气装置安装工程施工及验收规范——电梯部分》中接地要求外，其余均应符合SDJ8－76《电力设备接地设计技术规程》的规定，绝不允许采用零线、水管、煤气管等代用接地保护。

2.6　机房温度必须在＋5℃～40℃范围内，环境相对湿度不大于90%（25℃时）。

2.7　机房建筑必须采用实体的不产生粉尘粒的材料制造。

2.8　在机房内人易接近位置应设有消防灭火设施。

2.9　在层门外部，应保证层站的自然或人工照明在地面上不低于50lx，以便操作者在打开层门进入轿厢时，即使轿厢照明发生故障也能看清前面。

2.10　在层门外侧，应设置泡沫或干粉式消防灭火设施。

2.11　电梯的工作条件、技术状态应符合随机技术文件和电梯行业有关标准的规定。

附录二

电梯维护保养规范

由于电梯的种类、用途、驱动、曳引方式、控制方式差别很大，各种电梯生产的故障往往不完全相同，必须对所使用的电梯作定期的检查和维修保养，把隐患排除在故障出现前，本着具体问题作具体分析的原则，采取针对性的措施去排除，调整电梯的各种故障，为了更好地满足电梯能正常运行，特制定电梯维修保养工艺原则，使用时，需结合电梯的具体措施情况，采取正确的、切合实际的安全步骤，才能迅速有效地排除各种电梯故障，使电梯安全正常运行。

（一）电梯维修保养人员到达现场后，应询问电梯管理人员和电梯司机有关电梯运行及故障情况，并做好记录。

（二）维修保养人员在对电梯进行保养、检修时，应先在各层厅门前挂上“电梯保养、检修”告示牌。

（三）维修保养人员在电梯机房检查或加油时，应先切断电梯的进线主电源，并测电器验电，确认无电时方可进行检查和加油。

3.1　对控制屏做检查、保养。

3.1.1　检查控制屏主回路上各接触器触点及接线，并紧固各主回路各接线柱。

3.1.2　检查控制屏（柜）各继电器，修复烧蚀触点或更换继电器。

3.1.3　检查控制屏（柜）所有的电阻、电容是否有虚焊、脱焊、电阻环断裂、电阻丝断等，若有则更换电阻、电阻环及电容，并重新焊锡。

3.1.4　检查控制屏上熔断器座及熔断丝，旋转并更换熔断丝使其符合规范化。

3.1.5　检查、调整控制屏（柜）上接触器、继电器的机械连锁。

3.1.6　检查、调整控制屏（柜）上各接线柱，并做好清洁工作。

3.1.7　检查硒整流器、硅整流器，并做好清洁工作。

3.2　对曳引机做检查及保养。

3.2.1　检查曳引机蜗轮箱内油质、油位及蜗轮、蜗杆的啮合情况，蜗轮箱换油每年一次（游标：根据产品技术要求）。

3.2.2　检查曳引机电动机前后端滑动轴承（铜衬套）的油质和油位，前后端滑动轴承每年清洗换油一次。

3.2.3　对曳引机蜗轮轴上注“锂基润滑脂”（每年至少一次）。

3.2.4　对曳引机复绕轮，过桥轮注锂基润滑脂（每月一次）。

3.2.5　对曳引机制动器手动松闸凸轮，在退出3～5mm处用螺钉紧固。

3.2.6 检查测速电机输出皮带磨损和调整皮带松紧。

3.2.7 检查紧固曳引机座，曳引机箱体螺栓。

3.2.8 对曳引机整体做清洁工作。

3.3 对选层器检查、保养。

3.3.1 检查、调整选层器触头及开关。

3.3.2 检查紧固选层器所有螺丝，对选层器减速机，运动部位及链条清洁和加油。

3.4 对直流发电机检查。

3.4.1 对直流发电机注锂基润滑脂（每季一次）。

3.4.2 检查发电机运行情况，调整或更换发电机炭刷，对发电机做清洁工作。

3.5 检查限速器。

3.5.1 检查限速器开关是否良好可靠。

3.5.2 对限速器传动轴加油或注黄油。

3.5.3 对限速器做清洁工作。

3.5.4 检查、校验限速器（每年一次）。

3.6 对机房总开关极限开关检查保养。

3.6.1 检查、调整总开关极限开关接触情况，修整烧蚀刀片检查熔丝，使其符合使用要求。

3.6.2 对极限开关机械部分做清洁、加油，并用手动工作极限试验。

（四）送上电源在机房操作电梯运行情况。

4.1 在检修位置时关上厅、轿门，使门锁继电器吸合，断开开门继电器线圈线，防止电梯中途进入，产生误伤。

4.2 检修状态慢车运行检查。

4.2.1 检查、调整制动器间隙、弹簧压力。

4.2.2 检查控制柜检修运行时，继电器、接触器动作是否正常。

4.2.3 检查曳引机在检修状态下运行有无异常声音。

4.2.4 制动器电压是否正常。

4.3 机房对电梯做快车运行检查。

4.3.1 快车运行时，检查主回路是否正常。

4.3.2 快车运行时检查登记，停站、销号各继电器是否正常。

4.3.3 检查曳引电动机前后端滑动轴承处有无发热情况。

4.3.4 检查曳引机前后端盖处有无发热及异常情况。

4.3.5 检查完毕后将电梯停在最高层站，将开门继电器接上。

（五）由电梯保养人员用慢车将电梯向下方向运行与楼面齐平时停梯，然后进入轿顶，打开轿顶照明，关闭厅门，用轿顶检修开关箱自行操纵检查井道。

5.1　用检修慢车上行检查，快转慢限位及上极限限位是否可靠及相关尺寸，并清洁。

5.2　检查上极限开关装置是否可靠，并清洁。

5.3　用检修慢车向下运行检查。

5.3.1　检查、紧固各导轨连接板、导轨支座，并清洁。

5.3.2　检查各层感应器，调整相关尺寸，并清洁。

5.3.3　对主、副导轨油杯加油，并检查、调整或更换导轨油杯上的油毡。

5.3.4　检查、清洗各层厅门的机械门锁，电器门锁的性能调整其相对的配合尺寸。

5.3.5　检查、调整（更换）各层厅门滑块。

5.3.6　检查自动关门重锤及绳锁。

5.3.7　检查、清洗井道电缆挂线架中间接线槽、线管等。

5.3.8　检查轿顶安全钳，安全窗开关。

5.3.9　检查并紧固安全钳钢丝绳夹。

5.3.10　检查清洁轿顶。

5.3.11　离开轿顶时，将轿顶检修箱开关放正。

5.4　在二楼厅外做轿门检查。

5.4.1　检查开门电机，调整门机皮带松紧度。

5.4.2　检查调整轿门开关门速度，做好清洁工作。

5.4.3　检查调整清洁轿门传动部位及加油。

5.4.4　关闭轿顶照明，关闭厅门，让电梯开到二楼平层。

（六）电梯井道底坑检查

6.1　用检修慢车将电梯向上开后，检修人员进入底坑。

6.2　打开底坑照明开关。

6.3　切断底坑检修开关。

6.3.1　检查、调整清洁限速器张绳轮及断绳开关。

6.3.2　检查、调整清洁井道下部限位及感应器。

6.3.3　检查底坑清洁缓冲器弹簧或液压缓冲器。

6.3.4　检查、调整清洁底坑张绳轮及开关。

6.4　合上底坑检修开关。

6.4.1　慢车检修复位。

6.4.2　检查和调整活络轿底限位开关及清洁工作。

6.4.3　检查调整层外基站开门限位。

6.4.4　电梯检修慢车上行，做好底坑清洁，检修人员离开底坑时不得攀拉轿底电缆。

（七）对轿厢内操纵及各层厅外检查。

7.1　检查轿内操纵箱上各指令按钮、指示灯、蜂鸣器、进行调整及更换。

7.2　检查、调整、修复各层召唤按钮及指示灯。

7.3　检查基站层外开门电钥匙。

7.4　检查基站层外机械开门钥匙。

7.5　检查基站消防专用按钮（每年一次）。

（八）检修保养完毕：对电梯进行数次快慢车运行，在确实安全无误时，再将“电梯保养、检修”牌收回，然后让其投入正常运行。

（九）做好检修保养的工作记录，并由甲方签字后整理存档。

附录三

电梯常见故障处理

电梯故障是指由于电梯机械零件或电气控制系统中的元器件发生异常，导致电梯不能正常工作或严重影响乘坐舒适感，甚至造成人身伤害或设备事故的现象。

一、机械系统的故障

（一）机械系统常见故障现象和原因

（1）由于润滑不良或润滑系统故障，造成部件的转动部位严重发热磨损或抱轴，导致滚动或滑动部位的零部件毁坏。

（2）由于电梯频繁使用，某些零部件发生磨损、老化，保养不到位，未能及时更换或修复已磨损的部件，造成损坏进一步的扩大，迫使电梯停机。

（3）电梯运行过程中由于震动引起某些紧固螺丝松动或松脱，使某些部件尤其运动部件工作不正常造成电梯损坏。

（4）由于电梯平衡系数失调，或严重超载造成轿厢大的抖动或平层准确度差，电梯速度失控，甚至冲顶或蹲底，引起限速器—安全钳联动，电梯停机。

（二）电梯机械系统发生故障时，维修工应向电梯司机、管理员或乘客了解出现故障时的情况和现象。如果电梯仍可运行，可让司机/管理员采用点动方式让电梯上、下运行，维修工通过耳听、手摸、测量等方式分析判断故障点。

（三）故障发生点确定后，按有关技术规范的要求，仔细进行拆卸、清洗、检查测量，通过检查确定造成故障的原因，并根据机件的磨损和损坏程度进行修复或更换。

（四）电梯机件经修复或更换后，投入运行前需经认真检查和调试后，才可交付使用。

二、电气控制系统的故障和修理

（一）电气控制系统常见故障

（1）从电梯电气故障发生的范围看，最常见的是门机系统故障和电器组件接触不良引起的。造成门机系统和电器组件故障多的原因，主要有元器件的质量、安装调试的质量、维护保养质量等。

（2）从电气故障的性质看，主要是短路和断路两类。

短路就是由于某种原因，是不该接通的回路连通或接通后线路内电阻很小。电梯常见短路故障原因有：①方向接触器或继电器的机械和电子连锁失效，可能产生接触器或继电器抢动作而造成短路；②接触器的主接点接通或断开时，产生的电弧使周围的介质电器组件的介质被击穿而短路；③电器组件的绝缘材料老化、失效、受潮造成短路；④由于外界原因造成电器组件的绝缘破坏以及外材料入侵造成短路。

断路就是由于某种原因，造成应连通的回路不通。引起断路的原因主要有：①电器组件引入引出线松动；②回路中作为连接点的焊接虚焊或接触不良；③继电器或接触器的接点被电弧烧毁；④接点表面有氧化层；⑤接点的簧片被接通或断开时产生的电弧加热，冷却后失去弹力，造成接点的接触压力不够；⑥继电器或接触器吸合或断开时由于抖动使触点接触不良等。

（二）电气控制系统故障的判断和排除

判断电气控制系统故障的根据就是电梯控制原理。因此要迅速排除故障必须掌握地区控制系统的电路原理图，搞清楚电梯从定向、起动、加速、满速运行、到站预报、换速、平层、开关门等全过程各环节的工作原理，各电器组件之间相互控制关系、各电器组件、继电器/接触器及其触点的作用等。在判断电梯电气控制故障之前，必须彻底了解故障现象，才能根据电路图结合故障现象，迅速准确地分析判断故障的原因并找到故障点。

三、电梯故障及一般排除方法

附表3－1　电梯一段故障排除方法

故障现象	故障原因	排除方法
1. 局部回路保险丝经常烧断	1. 该组件或导线碰地	查出碰地点酌情处理
	2. 某继电器绝缘垫击穿	加强绝缘片绝缘或更换继电器
	3. 保险丝容量过小	按额定电流选用适当保险丝
2. 主回路保险丝经常烧断（或主回路开关经常跳闸）	1～3同上	1～3同上
	4. 启动、制动时间设定过长或过短	按电梯技术说明书调整启动、制动时间
	5. 启动、制动电抗器（电阻）接头压片松动	紧固接点
3. 闭合基站钥匙开关，基站电梯不能开门	1. 厅外开关门钥匙开关接触不良或损坏	更换钥匙开关
	2. 开门第一限位开关的接点接触不良	更换限位开关
	3. 基站厅外开关门控制开关接点接触不良或损坏	更换开关门控制开关
	4. 开门继电器损坏或其控制电路有故障	更换继电器或检查故障线路

（续附表 3－1）

故障现象	故障原因	排除方法
4. 电梯到基站后不能开门	1. 开关回路保险丝烧断	更换保险丝
	2. 开门限位开关接点接触不良或损坏	更换限位开关
	3. 开门继电器损坏或其控制回路故障	更换继电器或检查回路
	4. 门机皮带松脱或断裂	调整或更换皮带
5. 开关门时冲击声很大	1. 开关门粗调电阻器调整不当	调整电阻器电环位置
	2. 开关门细调电阻调整不当或电环接触不良	调整电阻环位置或调整其接触压力
6. 按开关按钮不能自动关门	1. 开关门回路保险丝烧断	更换保险丝
	2. 关门继电器损坏或关门回路有故障	更换继电器或检查关门回路并修复
	3. 关门第一限位开关触点接触不良	更换限位开关
	4. 安全触板卡死或开关损坏	调整安全触板或更换触板开关
	5. 门区光电保护装置故障	修复或调整
7. 关门后电梯不能启动	1. 厅、轿门连锁开关接触不良或损坏	检查修复连锁开关
	2. 电源电压过低或缺相	检查并修复
	3. 制动器抱闸未松开	调整制动器
	4. 直流电梯励磁装置故障	检查并修复
8. 电梯启动困难或运行速度减慢	1. 电源电压过低或缺相	检查并修复
	2. 制动器抱闸未松开	调整制动器
	3. 直流电梯励磁装置故障	检查并修复
	4. 曳引电动机轴承润滑不良	补油或清洗更换润滑油脂
	5. 曳引机减速器润滑不良	补油或更换润滑油脂
9. 电梯运行时轿厢有异常或噪音	1. 导轨润滑不良	清洗导轨并加油
	2. 导向轮或反绳轮与轴套润滑不良	清洗更换润滑油脂
	3. 感应器与隔磁板碰撞	调整感应器或隔磁板位置
	4. 导靴靴衬磨损严重	更换靴衬
	5. 滚动靴地轴承磨损	更换轴承
	6. 制动器间隙过大或过小	调整制动器间隙
	7. 轿顶挂件松动或井道有异物	紧固挂物、清除异物

参 考 文 献

［1］李乃夫．电梯维修与保养备赛指导［M］．北京：高等教育出版社，2013.

［2］陈家盛．电梯结构原理及安装维修［M］．北京：机械工业出版社，2012.

［3］李乃夫．电梯结构与原理［M］．北京：机械工业出版社，2014.

［4］叶安丽．电梯控制技术［M］．北京：机械工业出版社，2008.